本書の特長と使い方

　本書は，各単元の最重要ポイントを確認し，基本的な問題を何度も繰り返して解くことを通して，中学数学の基礎を徹底的に固めることを目的として作られた問題集です。

　1単元2ページの構成です。

ボクの一言ポイントにも注目だよ！

数犬チャ太郎（すうけん）

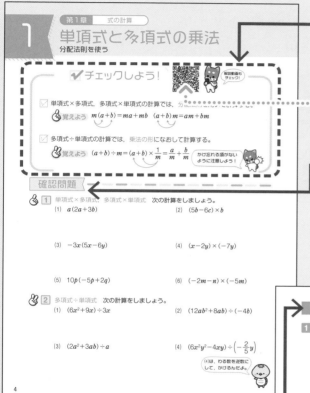

❶ ✔チェックしよう！

それぞれの単元の重要ポイントをまとめています。👆覚えよう は✌〜🖐があり，その単元で覚えておくべきポイントを挙げています。

ここから解説動画が見られます。くわしくは2ページへ

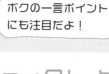

JN015778

たか，

👆覚えよう でまとめているポイントごとに確認することができます。

練習問題 ❸

いろいろなパターンで練習する問題です。つまずいたら，✔チェックしよう！や 確認問題 に戻ろう！

ヒントを出したり，解説したりするよ！

かっぱ

❹ ↗ステップアップ

少し発展的な問題です。

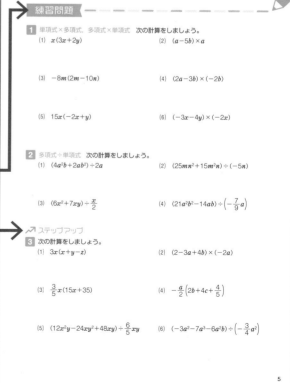

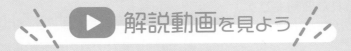

使い方はカンタン！ ITC コンテンツを活用しよう！

本書には，QRコードを読み取るだけで見られる解説動画がついています。
「具体的な解き方がわからない…」そんなときは，解説動画を見てみましょう。

▶ 解説動画を見よう

❶ 各ページの QR コードを読み取る

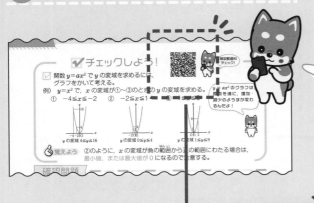

スマホでもタブレットでもOK！
PCからは下のURLからアクセスできるよ。
https://cds.chart.co.jp/books/bunl2b7n29/sublist/000#1!

❷ 動画を見る！

動画は**フルカラー**で
理解しやすい内容に
なっています。

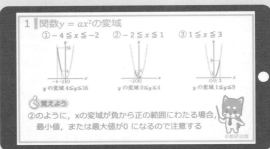

速度調節や
全画面表示も
できます

便利な使い方

解説動画が見られるページをスマホなどのホーム画面に追加することで，毎回QRコード
を読みこまなくても起動できるようになります。くわしくは QRコードを読み取り，左上
のメニューバー「≡」▶「ヘルプ」▶「便利な使い方」をご覧ください。

QR コードは株式会社デンソーウェーブの登録商標です。内容は予告なしに変更する場合があります。
通信料はお客様のご負担となります。Wi-Fi 環境での利用をおすすめします。また，初回使用時は利用規約を必ずお読みいただき，同意いただい
た上でご使用ください。
ICT とは，Information and Communication Technology（情報通信技術）の略です。

目次

1

単項式と多項式の乗法

分配法則を使う

✔ チェックしよう！

解説動画も
チェック！

☑ 単項式×多項式，多項式×単項式の計算では，分配法則を用いて計算する。

👉 覚えよう　$m(a+b)=ma+mb$　$(a+b)m=am+bm$

☑ 多項式÷単項式の計算では，乗法の形になおして計算する。

👉 覚えよう　$(a+b)\div m=(a+b)\times \dfrac{1}{m}=\dfrac{a}{m}+\dfrac{b}{m}$

かけ忘れる項がない
ように注意しよう！

確認問題

1 単項式×多項式，多項式×単項式　次の計算をしましょう。

(1) $a(2a+3b)$

(2) $(5b-6c)\times b$

(3) $-3x(5x-6y)$

(4) $(x-2y)\times(-7y)$

(5) $10p(-5p+2q)$

(6) $(-2m-n)\times(-5m)$

2 多項式÷単項式　次の計算をしましょう。

(1) $(6x^2+9x)\div 3x$

(2) $(12ab^2+8ab)\div(-4b)$

(3) $(2a^2+3ab)\div a$

(4) $(6x^2y^2-4xy)\div\left(-\dfrac{2}{5}y\right)$

(4)は，わる数を逆数に
して，かけるんだよ。

1 単項式×多項式，多項式×単項式　次の計算をしましょう。

(1) $x(3x+2y)$

(2) $(a-5b)\times a$

(3) $-8m(2m-10n)$

(4) $(2a-3b)\times(-2b)$

(5) $15x(-2x+y)$

(6) $(-3x-4y)\times(-2x)$

2 多項式÷単項式　次の計算をしましょう。

(1) $(4a^2b+2ab^2)\div 2a$

(2) $(25mn^2+15m^2n)\div(-5n)$

(3) $(6x^2+7xy)\div\dfrac{x}{2}$

(4) $(21a^2b^2-14ab)\div\left(-\dfrac{7}{9}a\right)$

↗ ステップアップ

3 次の計算をしましょう。

(1) $3x(x+y-z)$

(2) $(2-3a+4b)\times(-2a)$

(3) $\dfrac{3}{5}x(15x+35)$

(4) $-\dfrac{a}{2}\left(2b+4c+\dfrac{4}{5}\right)$

(5) $(12x^2y-24xy^2+48xy)\div\dfrac{6}{5}xy$

(6) $(-3a^2-7a^3-6a^2b)\div\left(-\dfrac{3}{4}a^2\right)$

2 展開の公式
4つの公式を覚えよう

✔チェックしよう！

解説動画も
チェック！

☑ 多項式×多項式の計算では，次の展開の公式を利用できる場合がある。

 覚えよう　$(x+a)(x+b)=x^2+(a+b)x+ab$

 覚えよう　$(x+a)^2=x^2+2ax+a^2$

 覚えよう　$(x-a)^2=x^2-2ax+a^2$

 覚えよう　$(x+a)(x-a)=x^2-a^2$

4つのパターンを
覚えよう！

確認問題

 1 展開の公式　次の計算をしましょう。

(1)　$(x+2)(x+3)$

(2)　$(y-1)(y-5)$

(3)　$(x+7)(x-4)$

(4)　$(a-8)(a+3)$

2 展開の公式　次の計算をしましょう。

 (1)　$(x+1)^2$

 (2)　$(x+5)^2$

(3)　$(a+8)^2$

(4)　$(x-2)^2$

(5)　$(y-6)^2$

(6)　$\left(x-\dfrac{1}{2}\right)^2$

3 展開の公式　次の計算をしましょう。

(1)　$(x+2)(x-2)$

(2)　$(a-6)(a+6)$

公式に正確にあて
はめるんだよ。

1 展開の公式　次の計算をしましょう。

(1) $(x+5)(x+3)$

(2) $(x-8)(x-7)$

(3) $(a-9)^2$

(4) $(7+a)^2$

(5) $(x-11)(x+11)$

(6) $(b-12)(b+5)$

(7) $(-7+x)(x+7)$

(8) $(m+9)(m-4)$

(9) $(-3+x)^2$

(10) $(7+x)(x-3)$

(11) $\left(p+\dfrac{1}{3}\right)\left(p-\dfrac{1}{3}\right)$

(12) $(x+0.4)(x-0.4)$

(13) $(x-0.6)^2$

(14) $\left(x+\dfrac{3}{4}\right)\left(x-\dfrac{1}{4}\right)$

(15) $(2t+1)(2t+4)$

(16) $(3x+1)^2$

(17) $(4x-5)(4x+5)$

(18) $(x+2y)(x-5y)$

(19) $(3a+2b)^2$

(20) $(2x+5y)(2x-5y)$

3 展開の公式の利用
公式を自由に使いこなそう

✔ チェックしよう！

 覚えよう 式を1つの文字におきかえると，公式を利用して展開できる場合がある。

> 式を見たらどの公式を使うか
> すぐ判断できるようになろう！

例） **$(a+b+3)(a+b-3)$ の展開**

$a+b=X$ とおくと

$(a+b+3)(a+b-3)$

$=(X+3)(X-3)$ …$(x+a)(x-a)=x^2-a^2$ を利用して展開

$=X^2-9$

$=(a+b)^2-9$ …$(x+a)^2=x^2+2ax+a^2$ を利用して展開

$=a^2+2ab+b^2-9$

覚えよう 展開と加法・減法を組み合わせた計算は，それぞれの式を展開し，同類項をまとめる。

例） **$2(x-3)^2-(x-2)(x+2)$ の計算**

$2\underline{(x-3)^2}-\underline{(x-2)(x+2)}$ …___ をそれぞれ展開する

$=2(x^2-6x+9)-(x^2-4)$ …それぞれのかっこをはずす

$=2x^2-12x+18-x^2+4$ …同類項をまとめる

$=x^2-12x+22$

確認問題

 1 文字へのおきかえ　次の計算をしましょう。

(1) $(a+b+4)(a+b-4)$

(2) $(x-y-1)(x-y+1)$

(3) $(a+5+b)(a+5-b)$

(4) $(x+y+4)(x-y+4)$

 2 加法・減法との組み合わせ　次の計算をしましょう。

(1) $(x+3)^2-(x+4)(x-4)$

(2) $3(x-2)^2-(x-6)(x+6)$

(3) $(x+10)(x-10)-2(x-5)^2$

(4) $4(a+b)^2-3(a-b)^2$

1 文字へのおきかえ　次の計算をしましょう。

(1) $(a+b-2)(a+b-4)$　　　(2) $(a-b+5)(a-b+3)$

(3) $(x-y+7)(x-y-5)$　　　(4) $(x+y-3)^2$

(5) $(x-y+2)^2$　　　(6) $(a-2b-6)^2$

(7) $(x+3y-2)(x+3y+2)$　　　(8) $(x-2y-4)(x+2y-4)$

2 加法・減法との組み合わせ　次の計算をしましょう。

(1) $(x+2)(x+6)+2(x-5)^2$　　　(2) $(a-7)(a-5)-4(a+2)(a-2)$

(3) $2(x-4)(x-5)-(x-4)^2$　　　(4) $3(x+1)(x-9)+4(x-8)(x-3)$

(5) $(3p+1)(3p-1)-(2p-3)^2$　　　(6) $2(2x+3)(2x-1)-(3x+4)(3x-4)$

(7) $3(x-y)^2-(4x-3y)^2$　　　(8) $2(a+4b)(a-7b)-(3a-5b)(3a+5b)$

↗ ステップアップ

3 次の計算をしましょう。

(1) $(a+b-2)(a+b+8)-(a-b+1)^2$

(2) $-2(2x-y+1)^2+(x+2y-3)(x+2y+3)$

4 共通因数

因数を理解する

✅チェックしよう！

解説動画も
チェック！

- ☑ 1つの式が多項式や単項式の積の形に表されるとき，積をつくっている1つ1つの式を，もとの式の因数という。
- ☑ 多項式をいくつかの因数の積の形に表すことを，もとの式を因数分解するという。
- ☑ 多項式の各項に共通な因数を共通因数といい，分配法則を使って，かっこの外にくくり出せる。

👉覚えよう　$ma+mb=m(a+b)$

$$6x^2=2\times3\times x\times x$$
$$8x=2\times2\times2\times x$$

例）　**$6x^2+8x$ の因数分解**

　　　共通因数 $2x$ をくくり出して，$6x^2+8x=2x(3x+4)$

例）　**$a(x+y)+2(x+y)$ の因数分解**

　　　$x+y=M$とおくと，
　　　$a(x+y)+2(x+y)=aM+2M=(a+2)M=(a+2)(x+y)$

確認問題

 1 　共通因数　次の式を因数分解しましょう。

(1)　a^2+a

(2)　$2ab-4ac$

(3)　$6ax-2bx+4cx$

(4)　x^2y+xy^2+2xy

(5)　$x(y+z)-5(y+z)$

(6)　$x(a+b)-(a+b)$

共通因数はすべてかっ
この外にくくり出そう。

1 共通因数　次の式を因数分解しましょう。

(1) a^2-ab

(2) $2ax+3bx$

(3) $mx+my-m$

(4) $-ax+2bx-cx$

(5) $-5x^2+15xy$

(6) $2a^2b-6ab^2$

(7) $28ab^2-42b^2$

(8) $5abc+15ab-10bc$

(9) $3a^2bc-2ab^2c-abc^2$

(10) $20x^2y^2-12xy^2+8xy$

(11) $2x^2-4xy-8x$

(12) $-3a^2b+9ab+12ab^2$

(13) $3n^2-6mn-9m^2n$

(14) $-4x^2y^2-12x^2y-20xy^2$

(15) $a(x-y)+b(x-y)$

(16) $2a(b+2)+b+2$

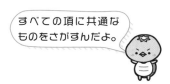

すべての項に共通な
ものをさがすんだよ。

5 因数分解
4つの公式を覚えよう

✔ チェックしよう！

解説動画もチェック！

☑ 因数分解に使われる公式には，次のようなものがある。これらは，展開の
公式の左辺と右辺を入れかえたものである。

👆覚えよう　$x^2+(a+b)x+ab=(x+a)(x+b)$

✌覚えよう　$x^2+2ax+a^2=(x+a)^2$

👌覚えよう　$x^2-2ax+a^2=(x-a)^2$

🖐覚えよう　$x^2-a^2=(x+a)(x-a)$

とにかく公式を正しく覚えることが大事だよ。

確認問題

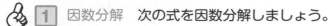

1 因数分解　次の式を因数分解しましょう。

(1)　x^2+6x+8

(2)　$a^2-8a+15$

(3)　$x^2+3x-18$

(4)　$y^2-4y-21$

どの公式を使うか見きわめよう。

2 因数分解　次の式を因数分解しましょう。

(1)　x^2+4x+4

(2)　$x^2+10x+25$

(3)　$a^2+16a+64$

(4)　m^2-6m+9

(5)　$x^2-14x+49$

(6)　$p^2-20p+100$

3 因数分解　次の式を因数分解しましょう。

(1)　x^2-16

(2)　y^2-144

1 因数分解　次の式を因数分解しましょう。

(1) x^2+3x+2

(2) a^2-4a+3

(3) $x^2+12x+36$

(4) p^2-64

(5) $y^2+9y+20$

(6) $x^2-8x+16$

(7) x^2-x-6

(8) x^2-121

(9) $m^2-7m+10$

(10) $x^2+10x+24$

(11) $x^2-11x-26$

(12) $a^2-18a+81$

(13) $x^2+4x-45$

(14) $t^2-\dfrac{1}{9}$

(15) $x^2+x+\dfrac{1}{4}$

(16) $x^2-0.04$

(17) $x^2y^2+6xy+9$

(18) a^2-49b^2

(19) $4x^2-4x+1$

(20) $a^2+2ab-15b^2$

6 いろいろな因数分解

因数分解の公式を使いこなそう

✔チェックしよう！

覚えよう① まず共通因数でくくり，次に公式をあてはめる。

例）　x^3+2x^2-3x の因数分解

x^3+2x^2-3x 　…共通因数 x でくくる

$=x(x^2+2x-3)$ 　…和が2，積が-3の2つの数を見つける

$=x(x-1)(x+3)$

覚えよう② 式の中の共通な部分を文字でおきかえる。

例）　$(x+y)^2+(x+y)-12$ の因数分解

$(x+y)^2+(x+y)-12$ 　…$x+y=M$ とする

$=M^2+M-12$ 　　　…和が1，積が-12の2つの数を見つける

$=(M+4)(M-3)$

$=(x+y+4)(x+y-3)$

> 因数分解の基本は，まず共通因数をさがすことだよ！

確認問題

1 共通因数でくくる　次の式を因数分解しましょう。

(1)　$2x^2+4x-30$

(2)　$3a^3-21a^2+36a$

(3)　$-ax^2+8ax-16a$

(4)　$5ax^2-45a$

2 文字へのおきかえ　次の式を因数分解しましょう。

(1)　$(a-b)^2+10(a-b)+21$

(2)　$(a+b)^2-6(a+b)+8$

(3)　$(x+y)^2-14(x+y)+49$

(4)　$(x-y)^2-2x+2y-8$

> 結果を展開して，もとの式になることを確かめるといいね。

1 共通因数でくくる　次の式を因数分解しましょう。

(1) $x^3 - 3x^2 - 10x$

(2) $2a^3 + 12a^2 + 10a$

(3) $-4x^3 - 4x^2 + 24x$

(4) $3x^3 - 12x^2 + 12x$

(5) $3a^2x - 12x$

(6) $20x^3y - 5xy^3$

(7) $4a^3 - 16a^2b + 12ab^2$

(8) $18x^3 - 48x^2 + 32x$

2 文字へのおきかえ　次の式を因数分解しましょう。

(1) $(a+b)^2 + (a+b)$

(2) $(x+y)^2 - 9(x+y) + 20$

(3) $(a-b)^2 - 11(a-b) - 60$

(4) $(x+y)^2 - 10(x+y) + 25$

(5) $(2x+y)^2 + 6(2x+y) + 9$

(6) $(a+b)^2 - 3a - 3b - 4$

(7) $(x+2y)^2 + 2x + 4y - 15$

(8) $(2x-y)^2 - 8x + 4y + 4$

📈 ステップアップ

3 $x = 15$ のとき，$x^2 - 16x + 64$ の値を求めましょう。

1 平方根
平方根の意味を理解しよう

✅チェックしよう！

解説動画も チェック！

☑ 2乗すると a になる数を，a の平方根という。根号$\sqrt{}$ を用いて，a の平方根のうち，正の方を $\sqrt{a}$，負の方を $-\sqrt{a}$ と表す。

± 4，$\pm\sqrt{3}$ のように書くんだよ！

✌覚えよう　a が正の数のとき，
$(\sqrt{a})^2=a$，$(-\sqrt{a})^2=a$，$\sqrt{a^2}=a$，$\sqrt{(-a)^2}=a$

✌✌覚えよう　a，b が正の数のとき，
$a<b$ ならば，$\sqrt{a}<\sqrt{b}$

確認問題

1 平方根の表し方　次の数の平方根を求めましょう。(4)〜(6)は，根号を使って表しましょう。
(1)　49 　　　　　　(2)　1 　　　　　　(3)　121

(4)　7 　　　　　　(5)　13 　　　　　　(6)　30

平方根は正と負の2つあるよ。

2 平方根の表し方　次の数を，根号を使わずに表しましょう。
(1)　$\sqrt{36}$ 　　　　　　(2)　$\sqrt{81}$ 　　　　　　(3)　$-\sqrt{100}$

3 平方根の表し方　次の数を求めましょう。
(1)　$(\sqrt{9})^2$ 　　　　　　(2)　$(-\sqrt{5})^2$ 　　　　　　(3)　$\sqrt{(-6)^2}$

4 平方根の大小　次の2つの数の大小を，不等号を使って表しましょう。
(1)　$\sqrt{5}$，$\sqrt{6}$ 　　　　　　(2)　$-\sqrt{3}$，$-\sqrt{6}$

1 平方根の表し方　次の数の平方根を求めましょう。根号が必要なものは，根号を使って表しましょう。

(1)　64

(2)　2

(3)　10

(4)　0

(5)　0.01

(6)　0.16

(7)　$\dfrac{1}{4}$

(8)　$\dfrac{2}{3}$

(9)　$\dfrac{9}{25}$

2 平方根の表し方　次の数を根号を使わずに表しましょう。

(1)　$\sqrt{4}$

(2)　$\sqrt{900}$

(3)　$-\sqrt{256}$

(4)　$\sqrt{0.04}$

(5)　$\sqrt{0.25}$

(6)　$-\sqrt{1.44}$

(7)　$-\sqrt{\dfrac{4}{9}}$

(8)　$\sqrt{\dfrac{25}{16}}$

(9)　$-\sqrt{\dfrac{49}{400}}$

3 平方根の表し方　次の数を求めましょう。

(1)　$(-\sqrt{15})^2$

(2)　$-(\sqrt{7})^2$

(3)　$\sqrt{3^2}$

(4)　$(\sqrt{0.3})^2$

(5)　$\sqrt{\left(\dfrac{1}{2}\right)^2}$

(6)　$(-\sqrt{1.2})^2$

4 平方根の大小　次の数を小さい方から順に並べましょう。

(1)　$\sqrt{3}$，$\sqrt{5}$，$\sqrt{10}$，2

(2)　2.4，3，$\sqrt{6}$，$\sqrt{8}$，$\sqrt{\dfrac{25}{4}}$

2 根号をふくむ式の乗除①
基本的な性質をつかむ

解説動画も
チェック！

✔チェックしよう！

根号の外に出すときは
2乗を取るんだよ！

☑ 正の数 a, b について，次の性質が成り立つ。

👆覚えよう　$\sqrt{a} \times \sqrt{b} = \sqrt{ab}$　$\dfrac{\sqrt{a}}{\sqrt{b}} = \sqrt{\dfrac{a}{b}}$　例）$\sqrt{3} \times \sqrt{5} = \sqrt{15}$　$\dfrac{\sqrt{3}}{\sqrt{5}} = \sqrt{\dfrac{3}{5}}$

✌覚えよう　$\sqrt{a^2 b} = a\sqrt{b}$　例）$\sqrt{12} = \sqrt{2^2 \times 3} = 2\sqrt{3}$　$\sqrt{45} = \sqrt{3^2 \times 5} = 3\sqrt{5}$

確認問題

👆 **1 根号をふくむ式の乗法**　次の計算をしましょう。

(1) $\sqrt{2} \times \sqrt{3}$

(2) $\sqrt{3} \times \sqrt{5}$

(3) $-\sqrt{6} \times \sqrt{5}$

(4) $(-\sqrt{7}) \times (-\sqrt{3})$

(5) $\sqrt{14} \times \sqrt{3}$

(6) $\sqrt{5} \times (-\sqrt{21})$

👆 **2 根号をふくむ式の除法**　次の計算をしましょう。

(1) $\dfrac{\sqrt{10}}{\sqrt{5}}$

(2) $\dfrac{\sqrt{21}}{\sqrt{3}}$

(3) $\sqrt{12} \div \sqrt{2}$

(4) $\sqrt{30} \div (-\sqrt{6})$

✌ **3 根号の中を簡単にする**　次の数を，$a\sqrt{b}$ の形で表しましょう。

(1) $\sqrt{8}$

(2) $\sqrt{27}$

根号の中の数を
素因数分解して
みるといいよ。

(3) $\sqrt{50}$

(4) $\sqrt{80}$

1 根号をふくむ式の乗除　次の計算をしましょう。

(1) $\sqrt{2} \times \sqrt{5}$

(2) $-\sqrt{3} \times (-\sqrt{10})$

(3) $2\sqrt{5} \times (-3\sqrt{6})$

(4) $\dfrac{\sqrt{15}}{\sqrt{3}}$

(5) $\dfrac{\sqrt{30}}{\sqrt{12}}$

(6) $-\sqrt{15} \div \sqrt{35}$

2 根号の中を簡単にする　次の数を，$a\sqrt{b}$ の形で表しましょう。

(1) $\sqrt{20}$

(2) $\sqrt{75}$

(3) $\sqrt{96}$

(4) $\sqrt{108}$

(5) $\sqrt{\dfrac{12}{25}}$

(6) $\sqrt{\dfrac{28}{81}}$

↗ ステップアップ

3 次の計算をしましょう。

(1) $\sqrt{3} \times \sqrt{12}$

(2) $\sqrt{20} \times \sqrt{6}$

(3) $-\sqrt{12} \times \sqrt{6}$

(4) $\sqrt{6} \times \sqrt{15}$

(5) $\sqrt{18} \times \sqrt{24}$

(6) $\sqrt{27} \times (-\sqrt{12})$

3 根号をふくむ式の乗除②

有理化を理解する

✔チェックしよう！

☑ 分母に根号をふくまない形に変えることを，分母を有理化するという。

例）$\dfrac{\sqrt{5}}{\sqrt{3}} = \dfrac{\sqrt{5} \times \sqrt{3}}{\sqrt{3} \times \sqrt{3}} = \dfrac{\sqrt{15}}{3}$

$\dfrac{\sqrt{12}}{\sqrt{5}} = \dfrac{2\sqrt{3}}{\sqrt{5}} = \dfrac{2\sqrt{3} \times \sqrt{5}}{\sqrt{5} \times \sqrt{5}} = \dfrac{2\sqrt{15}}{5}$

> 答えは分母を有理化
> して表すんだよ。

☑ 根号の中の数の小数点の位置が2けたずつずれると，その数の平方根の小数点の位置は，同じ向きに1けたずつずれる。

例）$\sqrt{5} = 2.236$ とすると，$\sqrt{500} = \sqrt{5 \times 100} = \sqrt{5} \times 10 = 22.36$

$\sqrt{0.05} = \sqrt{5 \times \dfrac{1}{100}} = \sqrt{5} \times \dfrac{1}{10} = 0.2236$

確認問題

1 分母の有理化　次の数の分母を有理化しましょう。

(1) $\dfrac{1}{\sqrt{2}}$

(2) $\dfrac{2}{\sqrt{3}}$

(3) $\dfrac{\sqrt{3}}{\sqrt{5}}$

(4) $\dfrac{\sqrt{5}}{\sqrt{6}}$

(5) $\dfrac{3\sqrt{3}}{\sqrt{7}}$

(6) $\dfrac{3}{2\sqrt{2}}$

(7) $\dfrac{5}{\sqrt{18}}$

(8) $\dfrac{\sqrt{50}}{\sqrt{3}}$

(9) $\dfrac{\sqrt{48}}{\sqrt{45}}$

2 平方根の値　$\sqrt{2} = 1.414$ として，次の値を求めましょう。

(1) $\sqrt{200}$

(2) $\sqrt{20000}$

> $a\sqrt{2}$ の形に表し
> てみよう。

(3) $\sqrt{8}$

(4) $\sqrt{32}$

1 分母の有理化　次の数の分母を有理化しましょう。

(1) $\dfrac{1}{\sqrt{5}}$

(2) $\dfrac{\sqrt{5}}{2\sqrt{6}}$

(3) $\dfrac{\sqrt{8}}{\sqrt{3}}$

(4) $\dfrac{\sqrt{27}}{\sqrt{5}}$

(5) $\dfrac{\sqrt{24}}{\sqrt{7}}$

(6) $\dfrac{\sqrt{6}}{\sqrt{20}}$

(7) $\dfrac{3}{\sqrt{3}}$

(8) $\dfrac{6}{\sqrt{2}}$

(9) $\dfrac{15}{\sqrt{10}}$

(10) $\dfrac{3}{\sqrt{12}}$

(11) $\dfrac{\sqrt{3}}{\sqrt{15}}$

(12) $\dfrac{2\sqrt{2}}{\sqrt{6}}$

2 平方根の値　$\sqrt{10}=3.162$ として，次の値を求めましょう。

(1) $\sqrt{1000}$

(2) $\sqrt{0.1}$

(3) $\sqrt{100000}$

(4) $\sqrt{0.001}$

(5) $\sqrt{40}$

(6) $\sqrt{\dfrac{10}{9}}$

📈 ステップアップ

3 $\sqrt{2}=1.414$，$\sqrt{3}=1.732$ として，次の値を求めましょう。

(1) $\dfrac{4}{\sqrt{2}}$

(2) $\dfrac{9}{\sqrt{3}}$

(3) $\dfrac{9}{\sqrt{18}}$

(4) $\dfrac{6\sqrt{2}}{\sqrt{6}}$

4 根号をふくむ式の加減

文字式と同様に考える

✔チェックしよう！

覚えよう $\ell\sqrt{a}+m\sqrt{a}=(\ell+m)\sqrt{a}$

$\sqrt{a}$ を x とみると，$\ell x+mx=(\ell+m)x$
→文字式の計算と同じように計算できる。

☑ $\sqrt{}$ の中をできるだけ簡単な自然数にしたり，分母を有理化したりしてから計算する。

例）　$2\sqrt{2}+3\sqrt{2}=(2+3)\sqrt{2}=5\sqrt{2}$　　　$\sqrt{5}-4\sqrt{5}=(1-4)\sqrt{5}=-3\sqrt{5}$

$\sqrt{27}-\sqrt{48}=3\sqrt{3}-4\sqrt{3}=-\sqrt{3}$　　　$\sqrt{8}+\dfrac{2}{\sqrt{2}}=2\sqrt{2}+\sqrt{2}=3\sqrt{2}$

$\sqrt{}$ を文字とみなして，同類項をまとめるんだよ！

確認問題

1 根号をふくむ式の加法　次の計算をしましょう。

(1) $\sqrt{2}+5\sqrt{2}$

(2) $4\sqrt{3}+\sqrt{3}$

(3) $-3\sqrt{5}+6\sqrt{5}$

(4) $-3\sqrt{2}+2\sqrt{2}$

(5) $\dfrac{\sqrt{3}}{2}+\dfrac{\sqrt{3}}{4}$

(6) $-\dfrac{2\sqrt{6}}{3}+\dfrac{\sqrt{6}}{4}$

2 根号をふくむ式の減法　次の計算をしましょう。

(1) $6\sqrt{3}-2\sqrt{3}$

(2) $4\sqrt{5}-3\sqrt{5}$

(3) $\sqrt{2}-4\sqrt{2}$

(4) $-2\sqrt{7}-5\sqrt{7}$

(5) $2\sqrt{10}-\dfrac{\sqrt{10}}{2}$

(6) $\dfrac{\sqrt{6}}{5}-\dfrac{\sqrt{6}}{2}$

3 根号をふくむ式の加減　次の計算をしましょう。

(1) $\sqrt{2}-5\sqrt{2}+3\sqrt{2}$

(2) $-3\sqrt{3}+5\sqrt{3}+2\sqrt{3}$

(3) $9\sqrt{5}-7\sqrt{5}-4\sqrt{5}$

(4) $\dfrac{3\sqrt{2}}{4}-\dfrac{\sqrt{2}}{2}+\dfrac{2\sqrt{2}}{3}$

1 根号をふくむ式の加減　次の計算をしましょう。

(1) $3\sqrt{2}+4\sqrt{2}$

(2) $2\sqrt{5}-7\sqrt{5}$

(3) $2\sqrt{3}+8\sqrt{3}$

(4) $7\sqrt{3}-4\sqrt{3}$

(5) $-\sqrt{6}+2\sqrt{6}$

(6) $-3\sqrt{10}-5\sqrt{10}$

(7) $2\sqrt{2}-\dfrac{4\sqrt{2}}{5}$

(8) $-\dfrac{\sqrt{6}}{3}+\dfrac{3\sqrt{6}}{2}$

(9) $-3\sqrt{5}-2\sqrt{5}+5\sqrt{5}$

(10) $-\sqrt{7}-4\sqrt{7}-6\sqrt{7}$

(11) $\dfrac{5\sqrt{3}}{6}-2\sqrt{3}+\dfrac{\sqrt{3}}{3}$

(12) $-\dfrac{\sqrt{15}}{5}-\dfrac{\sqrt{15}}{3}+\dfrac{7\sqrt{15}}{10}$

↗ ステップアップ

2 次の計算をしましょう。

(1) $\sqrt{2}+\sqrt{8}$

(2) $2\sqrt{3}-\sqrt{27}$

(3) $\sqrt{28}+\sqrt{63}$

(4) $-\sqrt{24}+\sqrt{96}$

(5) $\dfrac{6}{\sqrt{3}}-\sqrt{48}$

(6) $-\sqrt{45}+\sqrt{80}-5\sqrt{5}$

(7) $\sqrt{72}-\sqrt{18}+\sqrt{98}$

(8) $\dfrac{15}{\sqrt{3}}+\sqrt{75}-\sqrt{12}$

5 根号をふくむ式の展開

文字式と同様に考える

✔チェックしよう！

✓ 根号をふくむ式の展開は，$\sqrt{\ }$ を文字とみなして，文字式と同様に計算する。

例) 分配法則・展開の公式を利用する。

$\sqrt{2}\,(3\sqrt{2}-\sqrt{3}\,)=6-\sqrt{6}\cdots m(a+b)=ma+mb$

$(\sqrt{3}+5)(\sqrt{3}-2)=3+3\sqrt{3}-10=-7+3\sqrt{3}\cdots(x+a)(x+b)=x^2+(a+b)x+ab$

$(\sqrt{6}+3)^2=6+6\sqrt{6}+9=15+6\sqrt{6}\cdots(x+a)^2=x^2+2ax+a^2$

$(2\sqrt{3}+\sqrt{10}\,)(2\sqrt{3}-\sqrt{10}\,)=(2\sqrt{3}\,)^2-(\sqrt{10}\,)^2=12-10=2\cdots(x+a)(x-a)=x^2-a^2$

$\sqrt{\ }$ を文字とみなすんだ！

確認問題

1 分配法則の利用　次の計算をしましょう。

(1) $\sqrt{2}\,(2-\sqrt{2}\,)$

(2) $\sqrt{3}\,(2\sqrt{3}+3)$

(3) $\sqrt{5}\,(3-\sqrt{20}\,)$

(4) $\sqrt{6}\,(\sqrt{3}-\sqrt{6}\,)$

2 展開の公式の利用　次の計算をしましょう。

(1) $(\sqrt{2}+5)(\sqrt{2}+1)$

(2) $(\sqrt{5}+4)(\sqrt{5}-2)$

(3) $(\sqrt{3}-1)(\sqrt{3}+2)$

(4) $(\sqrt{6}-3)(\sqrt{6}-4)$

3 展開の公式の利用　次の計算をしましょう。

(1) $(\sqrt{3}-1)^2$

(2) $(\sqrt{6}+2)^2$

(3) $(\sqrt{5}-3)^2$

(4) $(2\sqrt{2}-1)^2$

4 展開の公式の利用　次の計算をしましょう。

(1) $(\sqrt{3}+2)(\sqrt{3}-2)$

(2) $(3\sqrt{2}+5)(3\sqrt{2}-5)$

使う公式を
見きわめよう。

1 根号をふくむ式の展開　次の計算をしましょう。

(1) $\sqrt{2}(2\sqrt{2}-3)$

(2) $(\sqrt{3}-3)(\sqrt{3}-4)$

(3) $(\sqrt{2}+2)^2$

(4) $\sqrt{3}(\sqrt{27}-\sqrt{2})$

(5) $(\sqrt{5}+2)(2-\sqrt{5})$

(6) $(1-\sqrt{10})^2$

(7) $(2\sqrt{2}-1)(2\sqrt{2}+5)$

(8) $(2\sqrt{6}+\sqrt{15})(2\sqrt{6}-\sqrt{15})$

(9) $\sqrt{3}(\sqrt{6}-\sqrt{15})$

(10) $(3-2\sqrt{3})^2$

(11) $(3\sqrt{6}+2)(3\sqrt{6}-9)$

(12) $(3\sqrt{2}+2\sqrt{5})(3\sqrt{2}-2\sqrt{5})$

(13) $(\sqrt{5}-\sqrt{2})^2$

(14) $(\sqrt{12}+3)(\sqrt{12}+12)$

↗ ステップアップ

2 $x=\sqrt{6}-2$, $y=\sqrt{6}+2$ のとき，次の式の値を求めましょう。

(1) x^2+4x

(2) x^2-y^2

1 ２次方程式の解き方

２次方程式の基本を理解する

✔チェックしよう！

解説動画も
チェック！

☑ （x の２次式）＝ 0 という形の方程式を，x についての２次方程式という。
　２次方程式は，$ax^2+bx+c=0$（a，b，c は定数，$a \neq 0$）で表される。

☑ $ax^2=b$，$ax^2-b=0$ の形の方程式は，$x^2=k$ と変形して解くことができる。

覚えよう　$x^2=k$　→　$x=\pm\sqrt{k}$

例）　$2x^2=10$　$x^2=5$　$x=\pm\sqrt{5}$
　　　$3x^2-12=0$　$3x^2=12$　$x^2=4$　$x=\pm2$

平方根の考え方を
使って解こう！

確認問題

1 ２次方程式の解　-3，-2，-1，0，1，2，3 のうち，２次方程式 $x^2-2x-3=0$ の解になっているものを，すべて答えましょう。

１次方程式の解は１つ
だったね。

 2 $ax^2=b$ の解き方　次の２次方程式を解きましょう。

(1)　$3x^2=27$ (2)　$5x^2=80$

(3)　$-2x^2=-8$ (4)　$-4x^2=-100$

(5)　$6x^2=6$ (6)　$3x^2=300$

(7)　$2x^2=162$ (8)　$-5x^2=-720$

$x^2=k$ の形にして，平
方根を考えるんだよ。

1 $ax^2 = b$ の解き方　次の２次方程式を解きましょう。

(1) $2x^2 = 98$

(2) $-5x^2 = -180$

(3) $8x^2 = 32$

(4) $-9x^2 = -234$

(5) $9x^2 = 1$

(6) $4x^2 = 25$

(7) $3x^2 = \dfrac{4}{3}$

(8) $-2x^2 = -\dfrac{11}{2}$

2 $ax^2 - b = 0$ の解き方　次の２次方程式を解きましょう。

(1) $2x^2 - 72 = 0$

(2) $2x^2 - 50 = 0$

(3) $\dfrac{1}{2}x^2 - 32 = 0$

(4) $\dfrac{1}{6}x^2 - \dfrac{7}{3} = 0$

(5) $9x^2 - 49 = 0$

(6) $16x^2 - 49 = 0$

(7) $4x^2 - 121 = 0$

(8) $8x^2 - 98 = 0$

(9) $\dfrac{1}{5}x^2 - \dfrac{5}{9} = 0$

(10) $5x^2 - \dfrac{85}{9} = 0$

2 次方程式と平方根

平方根の考え方を深める

解説動画も
チェック！

✔ チェックしよう！

 $(x+m)^2=k$ の形の方程式は，次のようにして解くことができる。

👆**覚えよう** $(x+m)^2=k$ 　$x+m=\pm\sqrt{k}$ 　よって，$x=-m\pm\sqrt{k}$

例）　$(x+2)^2=9$ 　$x+2=\pm3$ 　$x=-2\pm3$ 　よって，$x=1,\ -5$

　　　$(x-1)^2=5$ 　$x-1=\pm\sqrt{5}$ 　よって，$x=1\pm\sqrt{5}$

$x+m$ を1つのものと
みるんだよ！

 確認問題

👆 **1** $(x+m)^2=k$ の解き方　次の2次方程式を解きましょう。

(1)　$(x+1)^2=25$ 　　　　　　(2)　$(x-4)^2=9$

$(x+m)^2=k$ で
は，$x+m$ が k
の平方根になる
んだね。

(3)　$(x-5)^2=16$ 　　　　　　(4)　$(x+3)^2=1$

(5)　$(x-7)^2=4$ 　　　　　　(6)　$(x+5)^2=49$

👆 **2** $(x+m)^2=k$ の解き方　次の2次方程式を解きましょう。

(1)　$(x+3)^2=2$ 　　　　　　(2)　$(x-1)^2=5$

(3)　$(x-3)^2=6$ 　　　　　　(4)　$(x+5)^2=3$

(5)　$(x-2)^2=8$ 　　　　　　(6)　$(x+2)^2=20$

1 $(x+m)^2=k$ の解き方　次の2次方程式を解きましょう。

(1)　$(x+1)^2=4$

(2)　$(x-1)^2=12$

(3)　$(x-8)^2=36$

(4)　$(x-4)^2=18$

(5)　$(x-5)^2=25$

(6)　$(x-2)^2=121$

(7)　$(x+6)^2=24$

(8)　$(x-3)^2=27$

(9)　$(x+5)^2=169$

(10)　$(x-5)^2=45$

(11)　$(x-2)^2=32$

(12)　$(x+3)^2=50$

↗ ステップアップ

2 次の2次方程式を解きましょう。

(1)　$(2x+3)^2=25$

(2)　$(3x-2)^2=4$

(3)　$(2x-4)^2=28$

(4)　$(3x+1)^2=24$

3 2次方程式の解の公式

公式を利用して解く

解説動画も
チェック！

✔チェックしよう！

☑ 2次方程式 $ax^2+bx+c=0 (a \neq 0)$ の解は,

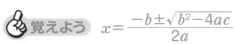覚えよう $x = \dfrac{-b \pm \sqrt{b^2-4ac}}{2a}$

負の数を代入するときには, かっこを
忘れないように注意しよう！

例）$2x^2-3x+1=0$

$a=2$, $b=-3$, $c=1$ だから,

$x = \dfrac{-(-3) \pm \sqrt{(-3)^2-4 \times 2 \times 1}}{2 \times 2} = \dfrac{3 \pm 1}{4}$ よって, $x=1$, $\dfrac{1}{2}$

確認問題

 1 2次方程式の解の公式　次の2次方程式を解きましょう。

(1) $3x^2+5x+1=0$ 　　　(2) $2x^2+3x-3=0$

(3) $3x^2-3x-1=0$ 　　　(4) $6x^2-5x-2=0$

(5) $2x^2+5x+1=0$ 　　　(6) $4x^2+7x+2=0$

(7) $5x^2-3x-3=0$ 　　　(8) $4x^2+x-2=0$

(9) $2x^2-5x-2=0$ 　　　(10) $2x^2-11x+6=0$

計算ミスのないように,
ていねいにね。

1 2次方程式の解の公式　次の2次方程式を解きましょう。

(1)　$2x^2-3x-1=0$

(2)　$7x^2-3x-1=0$

(3)　$2x^2+9x+8=0$

(4)　$3x^2+7x+3=0$

(5)　$x^2-5x-1=0$

(6)　$x^2-x-1=0$

(7)　$x^2+3x-7=0$

(8)　$x^2-x-7=0$

2 2次方程式の解の公式　次の2次方程式を解きましょう。

(1)　$3x^2+4x-2=0$

(2)　$x^2-2x-1=0$

(3)　$2x^2-6x+3=0$

(4)　$x^2-2x-35=0$

(5)　$4x^2-8x+3=0$

(6)　$x^2-6x+3=0$

4 2次方程式と因数分解

因数分解を利用して解く

✔チェックしよう！

☑ 2次方程式 $x^2+px+q=0$ の左辺が因数分解できるときは，次の性質を利用して解くことができる。

$AB=0$ ならば，$A=0$ または $B=0$　　$A^2=0$ ならば，$A=0$

例）　$x^2-4x+4=0$　$(x-2)^2=0$　$x-2=0$　よって，$x=2$

　　　$x^2-5x-6=0$　$(x-6)(x+1)=0$　$x-6=0$　または　$x+1=0$

　　　よって，$x=6$，-1

まず，因数分解できないかを考えよう！

確認問題

1 因数分解の利用　**因数分解を利用して，次の方程式を解きましょう。**

(1)　$x^2-6x+9=0$

(2)　$x^2+2x+1=0$

(3)　$x^2-10x+25=0$

(4)　$x^2+8x+16=0$

2次方程式は，解が2つの場合が多いけれど，この形は解が1つだけなんだね。

(5)　$x^2+18x+81=0$

(6)　$x^2-24x+144=0$

2 因数分解の利用　**因数分解を利用して，次の方程式を解きましょう。**

(1)　$x^2-5x+6=0$

(2)　$x^2+5x+4=0$

(3)　$x^2-6x+5=0$

(4)　$x^2+8x+15=0$

(5)　$x^2-2x-8=0$

(6)　$x^2+4x-21=0$

1 因数分解の利用　因数分解を利用して，次の方程式を解きましょう。

(1)　$x^2-14x+49=0$

(2)　$x^2+12x+36=0$

(3)　$x^2-22x+121=0$

(4)　$x^2-40x+400=0$

(5)　$x^2-12x+35=0$

(6)　$x^2+12x+27=0$

(7)　$x^2-3x-4=0$

(8)　$x^2+20x-21=0$

(9)　$x^2-15x+26=0$

(10)　$x^2-3x-54=0$

(11)　$x^2+16x+64=0$

(12)　$x^2-10x+16=0$

(13)　$x^2+6x+5=0$

(14)　$x^2+30x+225=0$

(15)　$x^2-18x+80=0$

(16)　$x^2-17x+72=0$

2 因数分解の利用　因数分解を利用して，次の方程式を解きましょう。

(1)　$x^2-2x=0$

(2)　$x^2+3x=0$

(3)　$x^2+5x=0$

(4)　$x^2-6x=0$

(5)　$2x^2+x=0$

(6)　$3x^2-x=0$

5 やや複雑な２次方程式の問題
解法のまとめ

☑チェックしよう！

解説動画もチェック！

☑ 複雑な形の２次方程式　→　展開・移項して $ax^2+bx+c=0$ の形にする。

☝覚えよう　２次方程式の解に関する問題

すべての解き方をマスターしよう！

例）　$x^2+px+q=0$ の解が $x=2,\ -4$ のとき，

【解き方①】　２次方程式にその解を代入すると，等式が成り立つので，

$x=2,\ -4$ を代入して連立方程式をつくると，$\begin{cases} 4+2p+q=0 \\ 16-4p+q=0 \end{cases}$

これを解いて，$p=2,\ q=-8$

【解き方②】　左辺は $(x-2)(x+4)$ と因数分解することができると考える。

$(x-2)(x+4)=x^2+2x-8$　よって，$p=2,\ q=-8$

確認問題

1 複雑な２次方程式　次の２次方程式を解きましょう。

(1) $x(x-2)=8$

(2) $x(x+3)=-2$

(3) $(x+1)(x+5)=-3$

(4) $(x-5)(x-4)=30$

(5) $(x+4)(x-4)=6x$

(6) $(x-7)(x-4)=5x$

2 ２次方程式の解と係数　次の(1)，(2)のとき，$a,\ b$ の値をそれぞれ求めましょう。

(1) ２次方程式 $x^2+ax+b=0$ の解が $-2,\ -3$

【解き方①②】のどちらの方法でもできるといいね。

(2) ２次方程式 $x^2+ax+b=0$ の解が $4,\ -6$

1 複雑な２次方程式　次の２次方程式を解きましょう。

(1)　$(x-7)(x+4)=-10$

(2)　$(x-2)(x+8)=-24$

(3)　$(x-3)^2=2x+18$

(4)　$(x-1)(x-2)=x+7$

(5)　$(x-3)(x+5)=3x+5$

(6)　$(x-2)(x-3)-3x=-1$

(7)　$(x+6)(x-4)=-3(x+7)$

(8)　$2x^2-6x=(x+1)(x-2)$

(9)　$(x+3)(x-4)=-2(x+3)$

(10)　$(x-2)^2+4(x-2)+3=0$

2 ２次方程式の解と係数　次の問いに答えましょう。

(1)　２次方程式 $x^2+ax+b=0$ の解が -3, 6 のとき，a, b の値を求めましょう。

(2)　２次方程式 $x^2+ax-18=0$ の１つの解が -2 のとき，a の値と他の解を求めましょう。

6 2次方程式の利用
文章題を解く

✔チェックしよう！

解説動画もチェック！

☑ 文章題では，求める数量を文字で表して方程式をつくる。

例）　連続する2つの自然数があり，小さい方の自然数の2乗が，大きい方の
自然数の7倍より1大きいとき，これら2つの自然数を求める。

小さい方の自然数を x とすると，大きい方の自然数は $x+1$

方程式をつくると，$x^2=7(x+1)+1$

これを解くと，$x=-1，8$

x は自然数だから，$x=-1$ は問題に適していない。

$x=8$ のとき，大きい方の自然数は9となり，問題に適している。

よって2つの自然数は，8と9

解のたしかめを忘れてはいけないよ！

確認問題 ━━━━━━━━━━━━━━━━━━━━━━━━

1 2次方程式の利用　大小2つの自然数があります。それらの差は5で，積は84です。これら2つの自然数を求めましょう。

自然数なのか，整数なのかで答えが変わってくるよ。

2 2次方程式の利用　正方形の縦を2cm短くし，横を4cm長くすると，面積が72cm³になります。もとの正方形の1辺の長さを求めましょう。

3 2次方程式の利用　右の図のような正方形の厚紙があります。この正方形の4すみから1辺が3cmの正方形を切り取って，ふたのない直方体の容器を作ったところ，その容積が75cm³になりました。はじめの厚紙の1辺の長さを求めましょう。

3cm
3cm

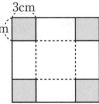

1 2次方程式の利用　連続する2つの自然数のそれぞれの2乗の和が113であるとき，これら2つの自然数を求めましょう。

2 2次方程式の利用　縦が8cm，横が5cmの長方形があります。この長方形の縦，横を，どちらも同じ長さだけ長くして，新しい長方形を作ったところ，その面積が108cm²になりました。もとの長方形の縦，横を何cmずつ長くしたか，求めましょう。

3 2次方程式の利用　横が縦より5cm長い長方形の厚紙があります。この厚紙の4すみから1辺が4cmの正方形を切り取り，ふたのない容器を作ったところ，その容積が96cm³になりました。はじめの厚紙の縦と横の長さを求めましょう。

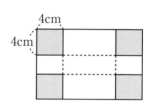

4 2次方程式の利用　右の図は，ある月のカレンダーです。この中のある数のすぐ上の数とすぐ下の数の積が，ある数の10倍より58小さいとき，ある数はいくつか，求めましょう。

日	月	火	水	木	金	土
			1	2	3	4
5	6	7	8	9	10	11
12	13	14	15	16	17	18
19	20	21	22	23	24	25
26	27	28	29	30	31	

↗ ステップアップ

5 AB＝12cm，AD＝24cmの長方形ABCDがあります。点Pは，辺AB上を毎秒1cmの速さでBからAまで動き，点Qは，辺BC上を毎秒2cmの速さでCからBまで動きます。点P，Qが同時に出発するとき，次の問いに答えましょう。

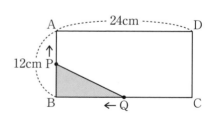

(1) 点P，Qが出発してt秒後のBQの長さを，tを用いた式で表しましょう。

(2) △PBQの面積が27cm²になるのは，点P，Qが出発して何秒後か，求めましょう。

関数 $y=ax^2$ の式を求める

２乗に比例する関数の意味を理解しよう

✔チェックしよう！

解説動画も
チェック！

☞覚えよう　y が x の関数で，$y=ax^2$ と表されるとき，y は x の２乗に比例するといい，a を比例定数という。

✌覚えよう　**比例定数 a の求め方**

基本の考え方は，比例や
１次関数と同じだよ！

例）　y は x^2 に比例し，$x=-2$ のとき $y=8$
$y=ax^2$ の関係が成り立つから，これに $x=-2$，$y=8$ を代入すると，
$8=a\times(-2)^2$　$8=4a$　よって，$a=2$

確認問題

 1 ２乗に比例する関数　次のそれぞれの場合について，x と y の関係を式に表しましょう。

(1)　直角をはさむ２辺の長さが $x$cm の，直角二等辺三角形の面積 $y$cm²

(2)　底面が１辺 $x$cm の正方形で，高さが 3cm の正四角柱の体積 $y$cm³

(3)　半径 $x$cm の円の面積 $y$cm³

(4)　１辺 $x$cm の立方体の表面積 $y$cm³

2 比例定数を求める　次のそれぞれの場合について，比例定数を求めましょう。

(1)　y は x の２乗に比例し，$x=3$ のとき $y=27$

(2)　y は x の２乗に比例し，$x=2$ のとき $y=-16$

(3)　関数 $y=ax^2$ で，$x=4$ のとき $y=-48$

関数では，代入がとても
大切なんだ。

(4)　関数 $y=ax^2$ で，$x=-3$ のとき $y=45$

1 2乗に比例する関数　次のア～オで，y が x の2乗に比例するものを選び，その記号を答え，x と y の関係を式に表しましょう。

　ア　1辺が $x$cm の正方形の面積 $y$cm²

　イ　底辺が $x$cm，高さが 8cm の平行四辺形の面積 $y$cm²

　ウ　縦が $x$cm，横が縦の3倍の長方形の面積 $y$cm²

　エ　1辺が $x$cm の立方体の体積 $y$cm³

　オ　半径が 3cm，中心角が x 度のおうぎ形の面積 $y$cm²

2 比例定数を求める　次のそれぞれの場合について，比例定数を求めましょう。

(1)　y は x の2乗に比例し，$x=2$ のとき $y=-24$

(2)　y は x の2乗に比例し，$x=3$ のとき $y=3$

(3)　y は x の2乗に比例し，$x=-4$ のとき $y=-8$

(4)　y は x の2乗に比例し，$x=4$ のとき $y=80$

(5)　関数 $y=ax^2$ で，$x=-6$ のとき $y=-12$

(6)　関数 $y=ax^2$ で，$x=6$ のとき $y=9$

↗ ステップアップ

3 次の問いに答えましょう。

(1)　y は x の2乗に比例し，$x=2$ のとき $y=12$ です。y を x の式で表しましょう。また，$x=3$ のときの y の値を求めましょう。

(2)　y は x の2乗に比例し，$x=4$ のとき $y=-4$ です。y を x の式で表しましょう。また，$x=-2$ のときの y の値を求めましょう。

(3)　関数 $y=ax^2$ で，$x=-3$ のとき $y=-6$ です。a の値と，$x=9$ のときの y の値を求めましょう。

2 関数 $y=ax^2$ のグラフ
グラフの特徴をつかもう

✔チェックしよう！

 覚えよう　関数 $y=ax^2$ のグラフは，原点を通り，y 軸について対称な曲線で，放物線とよばれる。

☑ $a>0$ のときは，上に開き，$a<0$ のときは，下に開く。

☑ a の絶対値が大きいほど，グラフの開き方は小さい。

☑ $y=ax^2$ と $y=-ax^2$ のグラフは，x 軸について対称になる。

1 次関数のグラフは直線だったね！

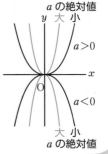

確認問題

1 $y=ax^2$ のグラフ　関数 $y=ax^2$ のグラフについて，次の文の 〔　〕 にあてはまることばを答えましょう。

関数 $y=ax^2$ のグラフは，〔　　　　　〕を対称の軸とする線対称な曲線で，〔　　　　〕とよばれます。また，このグラフは，〔　　　　　〕を通ります。〔　　　　〕のときは上に開いた形，〔　　　　　〕のときには下に開いた形になります。さらに，a の〔　　　　〕が大きいほど，グラフの開き方は小さくなります。

$y=ax^2$ と $y=-ax^2$ のグラフは，〔　　　　　〕について対称になります。

2 $y=ax^2$ のグラフ　次の(1)，(2)について，それぞれ x に対応する y の値を求めて表をうめ，グラフをかきましょう。

(1)　$y=x^2$

x	$\cdots$	-3	-2	-1	0	1	2	3	$\cdots$
y									

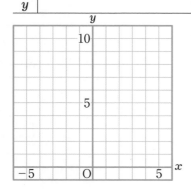

(2)　$y=-x^2$

x	$\cdots$	-3	-2	-1	0	1	2	3	$\cdots$
y									

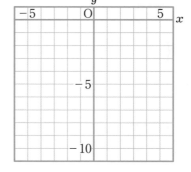

なめらかな曲線をかこうね。

1 $y=ax^2$ のグラフ　次の(1)，(2)について，それぞれ x に対応する y の値を求めて表をうめ，グラフをかきましょう。

(1) $y=2x^2$

x	⋯	-2	-1	0	1	2	⋯
y							

(2) $y=-\dfrac{1}{4}x^2$

x	⋯	-4	-2	-1	0	1	2	4	⋯
y									

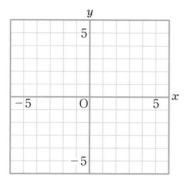
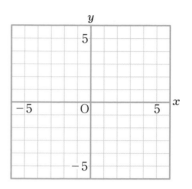

2 $y=ax^2$ のグラフ　次の関数のグラフをかきましょう。

(1) $y=-3x^2$

(2) $y=\dfrac{1}{3}x^2$

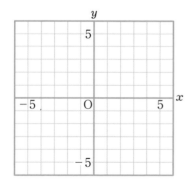
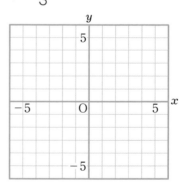

(3) $y=-\dfrac{1}{2}x^2$

(4) $y=\dfrac{3}{2}x^2$

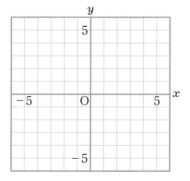
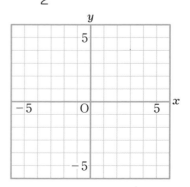

3 関数 $y=ax^2$ の変域
グラフをかいて調べよう

✔ チェックしよう！

解説動画も
チェック！

☑ 関数 $y=ax^2$ で y の変域を求めるには，
グラフをかいて考える。

例） $y=x^2$ で，x の変域が①〜③のときの y の変域を求める。

$y=ax^2$ のグラフは，原点を境に，増加・減少のようすが変わるんだよ！

①　$-4 \leqq x \leqq -2$　　②　$-2 \leqq x \leqq 1$　　③　$1 \leqq x \leqq 3$

y の変域 $4 \leqq y \leqq 16$　　y の変域 $0 \leqq y \leqq 4$　　y の変域 $1 \leqq y \leqq 9$

☞覚えよう　②のように，x の変域が負の範囲から正の範囲にわたる場合は，最小値，または最大値が 0 になるので注意する。

確認問題

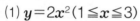

1 y の変域　次の(1)，(2)について，y の変域をそれぞれ求めましょう。

(1) $y=2x^2\ (1 \leqq x \leqq 3)$　　　(2) $y=-x^2\ (3 \leqq x \leqq 5)$

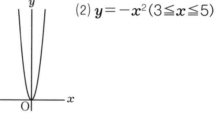
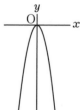

2 y の変域　次の(1)，(2)について，y の変域をそれぞれ求めましょう。

(1) $y=3x^2\ (-3 \leqq x \leqq -1)$　　　(2) $y=\dfrac{1}{2}x^2\ (-4 \leqq x \leqq -2)$

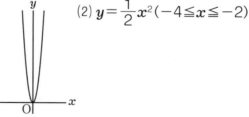

3 y の変域　次の(1)，(2)について，y の変域をそれぞれ求めましょう。

(1) $y=x^2\ (-2 \leqq x \leqq 3)$　　　(2) $y=-2x^2\ (-4 \leqq x \leqq 2)$

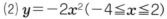
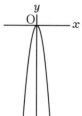

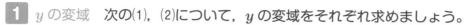

1 y の変域　次の(1)，(2)について，y の変域をそれぞれ求めましょう。

(1)　$y = \dfrac{1}{4}x^2\,(2 \leqq x \leqq 6)$

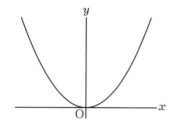

(2)　$y = -\dfrac{1}{3}x^2\,(-6 \leqq x \leqq 3)$

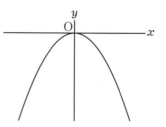

2 y の変域　次の(1)〜(8)について，y の変域をそれぞれ求めましょう。

(1)　$y = -x^2\,(-4 \leqq x \leqq -1)$

(2)　$y = 4x^2\,(-2 \leqq x \leqq 4)$

自分でグラフを
かいて確かめよう。

(3)　$y = \dfrac{1}{5}x^2\,(-1 \leqq x \leqq 5)$

(4)　$y = -3x^2\,(1 \leqq x \leqq 4)$

(5)　$y = -\dfrac{1}{4}x^2\,(-4 \leqq x \leqq 2)$

(6)　$y = \dfrac{2}{3}x^2\,(3 \leqq x \leqq 6)$

(7)　$y = 6x^2\,(-3 \leqq x \leqq 2)$

(8)　$y = -\dfrac{4}{9}x^2\,(-6 \leqq x \leqq 3)$

4 関数 $y=ax^2$ の変化の割合
公式を使いこなそう

解説動画も
チェック!

✅チェックしよう!

 x の増加量に対する y の増加量の割合を，変化の割合という。

👆覚えよう （変化の割合）＝ $\dfrac{(y \text{の増加量})}{(x \text{の増加量})}$

変化の割合が一定
ではないから，毎
回計算する必要が
あるんだよ！

関数 $y=ax^2$ のグラフは曲線で，変化の割合は一定ではない。

確認問題

 1 変化の割合　右の図は，関数 $y=x^2$ のグラフ
です。x の値が次のように増加するとき，変化
の割合をそれぞれ求めましょう。

(1) 1 から 4 まで

(2) 3 から 6 まで

(3) −6 から −3 まで

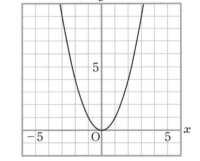

負の値を代入するとき
は特に気をつけて！

2 変化の割合　右の図は，関数 $y=-\dfrac{1}{2}x^2$ のグ
ラフです。x の値が次のように増加するとき，
変化の割合をそれぞれ求めましょう。

(1) 1 から 5 まで

(2) −6 から −2 まで

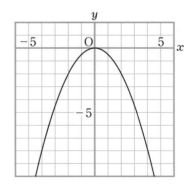

1 変化の割合　次の問いに答えましょう。

(1) 右の図は，関数 $y=3x^2$ のグラフです。x の値が次のように
増加するとき，変化の割合をそれぞれ求めましょう。

① 2から4まで

② −4から−2まで

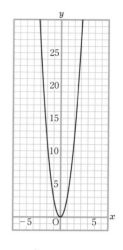

(2) 右の図は，関数 $y=-\dfrac{1}{3}x^2$ のグラフです。x の値が
次のように増加するとき，変化の割合をそれぞれ求
めましょう。

① 3から6まで

② −3から0まで

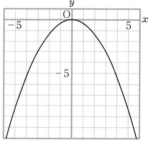

2 変化の割合　次の問いに答えましょう。

(1) 関数 $y=-x^2$ で，x が2から5まで増加するときの変化の割合を求めましょう。

(2) 関数 $y=\dfrac{1}{4}x^2$ で，x が−6から−4まで増加するときの変化の割合を求めましょう。

📈 ステップアップ

3 次の問いに答えましょう。

(1) 関数 $y=3x-2$ で，x が1から4まで増加するときの変化の割合を求めましょう。

(2) 関数 $y=\dfrac{18}{x}$ で，x が2から6まで増加するときの変化の割合を求めましょう。

(3) 関数 $y=4x^2$ で，x が−6から−3まで増加するときの変化の割合を求めましょう。

5 放物線と直線

関数と図形の融合問題を考えよう

✔チェックしよう！

右の図のように，関数 $y=ax^2$ のグラフと直線 ℓ が2点A，B で交わっている。点Aの座標が $(-1,\ 1)$，点Bの x 座標が2のとき，△AOB の面積は，次の手順で求められる。

① a の値を求める。→ $1=a\times(-1)^2$ $a=1$

②点Bの座標を求める。→ $y=2^2=4$ B(2, 4)

③直線 ℓ の式を求める。

　→ A，Bの座標から，傾き，切片を求めて，$y=x+2$

④△AOB を △AOC と △BOC に分け，それらの面積を加える。

　→ $\triangle\text{AOB}=\dfrac{1}{2}\times2\times1+\dfrac{1}{2}\times2\times2=3$

> 三角形を2つに分けるのがポイントなんだよ！

確認問題

1 放物線と直線　右の図のように，関数 $y=ax^2$ のグラフと直線 ℓ が2点A，B で交わっています。点A，Bの座標がそれぞれ $(-2,\ 4)$，$(3,\ 9)$ のとき，次の問いに答えましょう。

(1) a の値を求めましょう。

(2) 直線 ℓ の式を求めましょう。

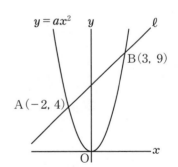

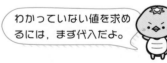

> わかっていない値を求めるには，まず代入だよ。

2 三角形の面積　右の図のように，関数 $y=2x^2$ のグラフと直線 ℓ が2点A，B で交わっています。点A，Bの x 座標がそれぞれ -1，2のとき，次の問いに答えましょう。

(1) 直線 ℓ の式を求めましょう。

(2) △AOB の面積を求めましょう。

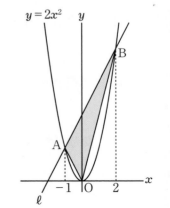

1 放物線と直線　右の図のように，関数 $y=ax^2$ のグラフ
と直線 ℓ が2点 A，B で交わっています。点 A，B の座
標がそれぞれ $(-3, 3)$，$(6, b)$ のとき，次の問いに答
えましょう。

(1)　a，b の値を求めましょう。

(2)　直線 ℓ の式を求めましょう。

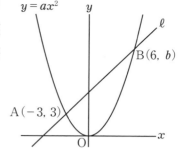

2 三角形の面積　右の図のように，関数 $y=ax^2$ のグラフと直
線 $y=2x+8$ が2点 A，B で交わっています。点 A，B の
x 座標がそれぞれ -2，4 のとき，次の問いに答えましょう。

(1)　a の値を求めましょう。

(2)　$\triangle$AOB の面積を求めましょう。

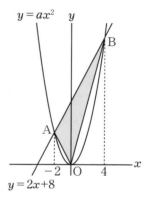

3 三角形の面積　右の図のように，関数 $y=2x^2$ のグラフと
直線 ℓ が2点 A，B で交わっています。点 A，B の x 座標
がそれぞれ -2，1 のとき，次の問いに答えましょう。

(1)　直線 ℓ の式を求めましょう。

(2)　$\triangle$AOB の面積を求めましょう。

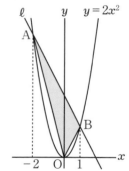

↗ ステップアップ

4 右の図のように，関数 $y=ax^2$ のグラフと直線 $y=-2x+6$
が2点 A，B で交わっています。点 A，B の x 座標がそれ
ぞれ -6，2 のとき，次の問いに答えましょう。

(1)　a の値を求めましょう。

(2)　$\triangle$AOB の面積を求めましょう。

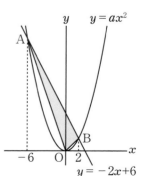

(3)　O を通り，$\triangle$AOB の面積を2等分する直線の式を求めましょう。

6 いろいろな関数

身のまわりの事象と関数

✔チェックしよう!

右の表は，あるモノレール
会社の乗車距離と料金の関
係を表したものである。乗
車距離を x km，料金を y
円とすると，y は x の関数
である。
この関係をグラフに表すと，
図のような階段状のグラフ
になり，y の値がとびとび
になる。

乗車距離	料金
2km まで	200 円
4km まで	250 円
6km まで	290 円
8km まで	330 円
10km まで	370 円
12km まで	400 円
14km まで	430 円
16km まで	460 円

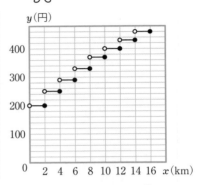

○はその値をふくまないこと，●は
その値をふくむことを表しているよ！

確認問題

1 いろいろな関数　右の表は，
ある郵便物の重さと料金の
関係を表したものです。郵
便物の重さを x g，料金を
y 円として，次の問いに答
えましょう。

郵便物の重さ	料金
50g 以内	120 円
100g 以内	140 円
150g 以内	200 円
250g 以内	250 円
500g 以内	400 円

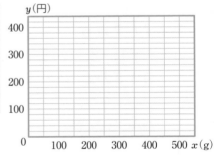

(1)　x と y の関係を表すグラフをかきましょう。

(2)　120g と 270g の 2 通の郵便物を送るとき，
　　その料金の合計は何円か，求めましょう。

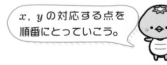

x，y の対応する点を
順番にとっていこう。

2 いろいろな関数　右のように直方体を組み合わせた形の容器が
あります。この容器に毎分一定の割合で水を入れるとき，水を
入れ始めてからの時間 x 分と，容器のいちばん底からの水の深
さ y cm との関係を表すグラフを，次のア〜オから選びましょう。

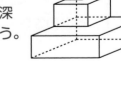

ア
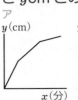

イ
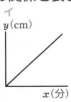

ウ

エ

オ

1 いろいろな関数　右のグラフは，同一市内における小包郵便の料金を，16kg の重さまで表したものです。小包の重さを x kg，その料金を y 円として，次の問いに答えましょう。

(1) 7.5kg の重さの小包の料金を求めましょう。

(2) 重さが 16kg 以内の小包 2 個の料金の合計が 1680 円のとき，2 個の小包の重さの合計は最大で何 kg ですか。

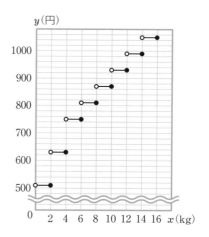

2 いろいろな関数　図のような，半球と円柱を組み合わせた容器があります。半球の部分の半径は 6cm で，円柱の部分の底面の半径は 6cm，高さは 12cm です。この容器に毎秒 36π cm³ ずつ水を入れていきます。

(1) 半球の部分が水でいっぱいになるのは，水を入れ始めてから何秒後ですか。

(2) 容器がいっぱいになるのは，水を入れ始めてから何秒後ですか。

(3) 容器に水を入れ始めてからの時間 x 秒と，水の深さ y cm の関係を表すグラフを，右のア～エから選びましょう。

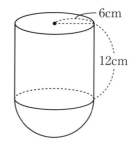

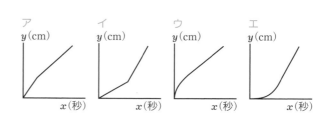

3 いろいろな関数　1 回の分裂（ぶんれつ）で 2 個ずつに分かれていく細胞があります。はじめ 1 個だった細胞は，1 回の分裂で 2 個，2 回の分裂で 4 個，3 回の分裂で 8 個，…，と個数が増えていきます。分裂の回数を x 回，そのときの細胞の個数を y 個として，次の問いに答えましょう。

(1) 右の表は，x と y の関係を表したものです。表中のア，イにあてはまる数を求めましょう。

x	0	1	2	3	4	5	6	…
y	1	2	4	8	16	ア	イ	…

(2) y の値がはじめて 2000 をこえるときの x の値を求めましょう。

相似な図形

相似の意味を理解しよう

✅ チェックしよう！

☑ 2つの図形があって，一方の図形を拡大または縮小して，もう一方の図形と合同になるとき，これらの図形は相似であるという。

☑ 三角形の相似は，記号∽を用いて，△ABC∽△DEF と表す。

👆 **覚えよう**　相似な図形では，対応する線分の長さの比はすべて等しく，対応する角の大きさはそれぞれ等しい。

✌ **覚えよう**　相似な2つの図形の対応する線分の長さの比を相似比という。

頂点を対応する順にかくのは，合同と同じだよ！

確認問題

👆 **1** 相似な図形　下の図で，相似な四角形の組を選び，記号∽を使って表しましょう。

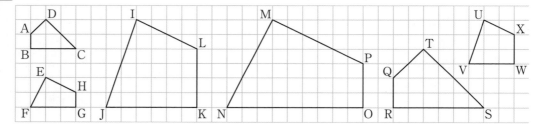

✌ **2** 相似な図形の性質　右の四角形 ABCD と四角形 EFGH は相似です。次の問いに答えましょう。

(1) ∠C の大きさを求めましょう。

(2) 四角形 ABCD と四角形 EFGH の相似比を求めましょう。

(3) 辺 EF の長さは何 cm ですか。

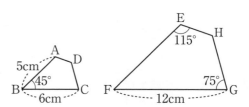

対応する辺の長さの比が相似比だよ。

1 相似な図形　下の図で，相似な三角形の組を選び，記号∽を使って表しましょう。

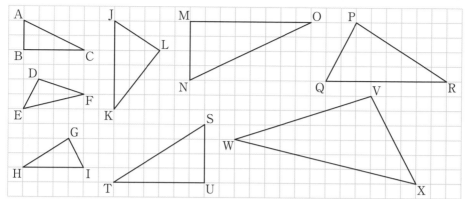

2 相似な図形の性質　右の四角形 ABCD と四角形 EFGH は相似です。次の問いに答えましょう。

(1)　∠H の大きさを求めましょう。

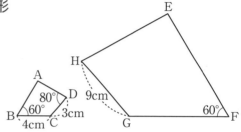

(2)　四角形 ABCD と四角形 EFGH の相似比を求めましょう。

(3)　辺 FG の長さは何 cm ですか。

↗ ステップアップ

3 右の四角形 ABCD と四角形 EFGH は相似です。次の問いに答えましょう。

(1)　∠E の大きさを求めましょう。

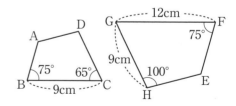

(2)　四角形 ABCD と四角形 EFGH の相似比を求めましょう。

(3)　辺 CD の長さは何 cm ですか。

2 三角形の相似条件

3つの相似条件を覚えよう

✔チェックしよう！

覚えよう **2つの三角形は，次のどれかが成り立つ場合に相似である。**

① 3組の辺の比がすべて等しい。　　$a : a' = b : b' = c : c'$

② 2組の辺の比とその間の角がそれぞれ等しい。

　　$a : a' = c : c'$, $\angle B = \angle B'$

③ 2組の角がそれぞれ等しい。　　$\angle B = \angle B'$, $\angle C = \angle C'$

> 合同条件と混同しないようにね！

① ② ③

確認問題

1 **相似条件**　下の図で，相似な三角形の組を選び，記号∽を使って表しましょう。また，そのときに使った相似条件も答えましょう。

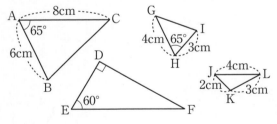
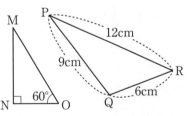

> 3つの条件は必ず覚えよう！

2 **相似条件**　次のそれぞれの図で，相似な三角形を記号∽を使って表しましょう。また，そのときに使った相似条件も答えましょう。

(1) 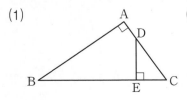　(2) 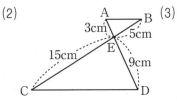　(3)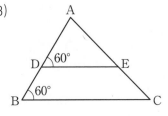

1 相似条件　下の図で，相似な三角形の組を選び，記号∽を使って表しましょう。また，そのときに使った相似条件も答えましょう。

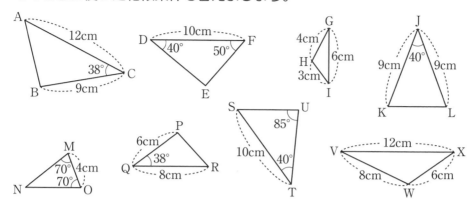

2 相似条件　次のそれぞれの図で，相似な三角形を記号∽を使って表しましょう。また，そのときに使った相似条件も答えましょう。

(1)　　　　　　　　　　　(2)　　　　　　　　　　　(3)

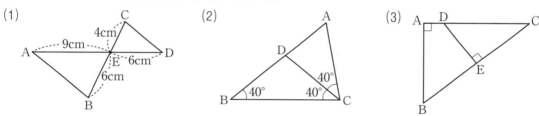

📈 ステップアップ

3 右の図について，次の問いに答えましょう。

(1)　△ABC と相似な三角形はどれですか。また，そのときに使った相似条件も答えましょう。

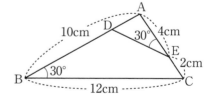

(2)　線分 AD の長さは何 cm ですか。

(3)　線分 DE の長さは何 cm ですか。

3 相似な三角形の証明
相似条件の応用

解説動画も
チェック！

✔チェックしよう！

☑ 右の図において，∠A＝∠C のとき，△ABE と△
CDE が相似であることは，次のように証明する。
（証明）
△ABE と△CDE において，
仮定より，∠A＝∠C…①
対頂角は等しいので，∠AEB＝∠CED…②
①，②より，2 組の角がそれぞれ等しいので，△ABE∽△CDE

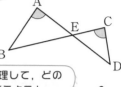

仮定やかくれた条件を整理して，どの
相似条件にあてはまるか考えよう！

確認問題

1 相似の証明　右の図において，点 E は線分 AD と線分 BC
の交点です。∠ABE＝∠DCE ならば，△ABE∽△DCE
であることを，次のように証明しました。次の下線部にあ
てはまることばや記号を入れて，証明を完成させましょう。
（証明）
△ABE と△＿＿＿＿＿＿において，
仮定より，∠＿＿＿＿＿＿＝∠＿＿＿＿＿＿…①
対頂角は等しいので，∠＿＿＿＿＿＝∠＿＿＿＿＿…②
①，②より，＿＿＿＿＿＿＿＿＿＿＿＿がそれぞれ等しいので，
△ABE∽△＿＿＿＿＿

2 相似の証明　右の図の△ABC は，AB＝12cm，AC＝8cm
です。点 D，E はそれぞれ辺 AC，AB 上の点で，AD＝6cm，
AE＝4cm です。このとき，△ABC∽△ADE であることを，
次のように証明しました。次の下線部にあてはまることば
や記号，数字を入れて，証明を完成させましょう。
（証明）
△ABC と△ADE において，
仮定より，AB：＿＿＿＿＿＝＿＿＿＿＿：AE＝＿＿＿：＿＿＿…①
また，∠＿＿＿＿＿は共通…②
①，②より，＿＿＿＿＿＿＿＿＿＿＿＿がそれぞれ等しいので，
△ABC∽△ADE

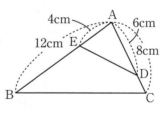

めんどうでも，必ず自分
て図をかくんだよ。

1 相似の証明　右の図のような，AB＝8cm，BC＝16cm，CD＝9cm，DA＝6cm の四角形 ABCD に対角線 AC をひいたところ，長さが 12cm になりました。このとき，△ABC∽△DAC であることを，次のように証明しました。次の下線部にあてはまることばや記号，数字を入れて，証明を完成させましょう。

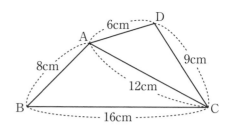

（証明）

△ABC と△DAC において，

仮定より，AB：＿＿＿＿＝＿＿＿＿：AC＝CA：＿＿＿＿＝＿＿：

＿＿＿＿＿＿＿＿＿＿＿＿＿＿＿がすべて等しいので，△ABC∽△DAC

2 相似の証明　右の図のように，△ABC の辺 BC，AB 上に，それぞれ点 D，E をとったところ，∠DEB＝∠ACB になりました。このとき，△ABC∽△DBE であることを証明しましょう。

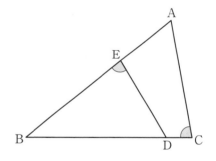

↗ ステップアップ

3 右の図のように，平行四辺形 ABCD の辺 BC 上に点 E をとり，線分 AE の延長と辺 DC の延長が交わる点を F とします。このとき，△ABE∽△FCE であることを証明しましょう。

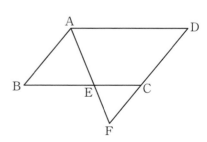

4 平行線と線分の比

相似の性質を活用しよう

✔チェックしよう！

☑ **平行線と線分の比**

右の図1，2で，DE∥BC ならば，

👆覚えよう ① AD : AB＝AE : AC＝DE : BC

② AD : DB＝AE : EC

図1

図2

☑ **三角形の線分の比と平行線**

右の図1，2で，

> AD : AB＝DE : BC でも，DE∥BC
> とはかぎらないから，注意だよ！

✌覚えよう ① AD : AB＝AE : AC ならば，DE∥BC

② AD : DB＝AE : EC ならば，DE∥BC

☑ **平行線にはさまれた線分の比**

右の図3のように，直線 ℓ，m が，3つの平行な直線

a，b，c と交わっているとき，

🤟覚えよう AB : BC＝A′B′ : B′C′

図3

確認問題

👆 **1** 平行線と線分の比　右の図で，DE∥BC のとき，x，y の値を求めましょう。

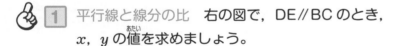

✌ **2** 平行線と線分の比　右の図で，ED∥BC のとき，x，y の値を求めましょう。

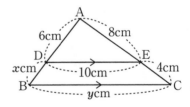

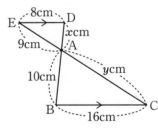

🤟 **3** 平行線にはさまれた線分の比　右の図で，ℓ∥m∥n のとき，x の値を求めましょう。

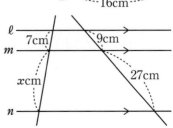

1 平行線と線分の比　次の問いに答えましょう。

(1) 図1で，DE∥BC のとき，x，y の値を求めましょう。

図1
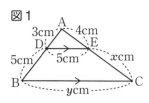

(2) 図2で，ED∥BC のとき，x，y の値を求めましょう。

図2
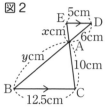

(3) 図3で，ℓ∥m∥n のとき，x の値を求めましょう。

図3
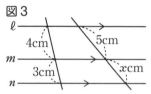

2 線分の比と平行線　右の図で，3点 D，E，F は，それ
ぞれ△ABC の辺 BC，CA，AB 上の点です。

(1) 線分 DE，EF，FD のうち，△ABC の辺に平行な
のはどれですか。

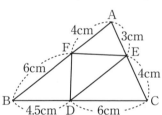

(2) (1)の線分が，△ABC の辺と平行になる理由を答えましょう。

線分の比から
考えよう。

📈 ステップアップ

3 次の問いに答えましょう。

(1) 図1で，AB∥CD∥EF のとき，x，y の値を求めま
しょう。

図1
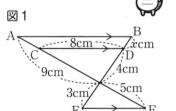

(2) 図2で，ℓ∥m∥n のとき，x，y の値を求めましょう。

図2
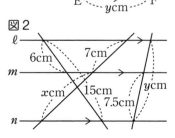

5 中点連結定理
三角形の2辺の中点を結ぶ直線の性質

✔チェックしよう！

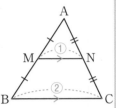

解説動画も
チェック！

☑ **中点連結定理**

三角形の2辺の中点を通る線分は，他の辺に平行で，
長さはその半分に等しい。

右の図で，△ABCの辺AB，ACの中点をM，Nとすると，

👆**覚えよう** $MN /\!/ BC$, $MN = \dfrac{1}{2}BC$

また，AM＝MB，MN／BCならば，AN＝NCというこ
ともできる。

平行線と線分の比を応用した，
とても重要な定理だよ！

確認問題 ----

1 中点連結定理　次の問いに答えましょう。

(1) 図1の△ABCで，点M，Nがそれぞれ辺AB，ACの
中点のとき，線分MNの長さと∠ABCの大きさを求
めましょう。

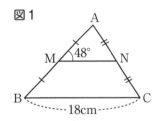

図1

(2) 図2の△ABCで，点Mが辺ABの中点，MN／BCの
とき，辺ACの長さを求めましょう。

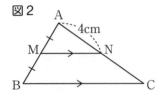

図2

2 中点連結定理　右の図の四角形ABCDは，AD＝8cm，BC
＝20cm，AD／BCの台形です。辺AB，CDの中点をそれ
ぞれM，Nとすると，MN／ADとなります。線分MNと対
角線ACの交点をOとするとき，次の問いに答えましょう。

(1) 線分MOの長さを求めましょう。

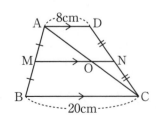

(2) 線分MNの長さを求めましょう。

△ABCで，点Oは
どんな点かな？

1 中点連結定理　次の問いに答えましょう。

(1) 図1の△ABCで，点M，Nがそれぞれ辺AC，BCの中点のとき，線分MNの長さと∠MNCの大きさを求めましょう。

図1
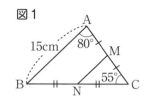

(2) 図2の△ABCで，点Mが辺ABの中点，MN∥ACのとき，線分BNの長さを求めましょう。

図2
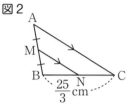

2 中点連結定理　右の図の四角形ABCDは，AD∥BCの台形です。辺AB，CDの中点をそれぞれM，Nとするとき，線分MNの長さを求めましょう。

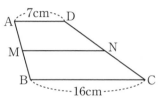

3 中点連結定理　右の図の△ABCの辺AB，BC，CAの中点をそれぞれD，E，Fとするとき，次の問いに答えましょう。

(1) 線分DFの長さを求めましょう。

(2) △DEFの周の長さを求めましょう。

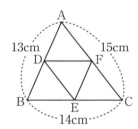

↗ ステップアップ

4 右の図の四角形ABCDで，辺AB，BC，CD，DAの中点をそれぞれE，F，G，Hとします。このとき，四角形EFGHが平行四辺形になることを，次のように証明しました。次の下線部にあてはまることばや記号を入れて，証明を完成させましょう。ただし，同じ番号の部分には，同じものが入ります。

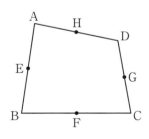

（証明）　四角形ABCDの対角線BDをひくと，
△ABDにおいて，点Eは辺ABの中点，点Hは辺ADの中点だから，

四角形EFGHは平行四辺形である。

6 相似な図形の面積の比，体積の比
面積，体積への応用

✔チェックしよう！

☑ **相似な平面図形の周の長さと面積**

👆**覚えよう** 相似比が $m:n$ のとき，周の長さの比は $m:n$　面積の比は $m^2:n^2$

☑ **相似な立体の表面積と体積**

✌**覚えよう** 相似比が $m:n$ のとき，表面積の比は $m^2:n^2$　体積の比は $m^3:n^3$

> 面積は2乗，
> 体積は3乗だよ！

確認問題

1 相似比と面積の比　右の図で，四角形 ABCD ∽ 四角形 EFGH のとき，四角形 ABCD と四角形 EFGH の次の比を求めましょう。

(1)　相似比　　　　　　　(2)　面積の比

2 相似比と面積の比，体積の比　右の図で，立体 A は1辺が 2cm の立方体，立体 B は1辺が 6cm の立方体です。立体 A と立体 B について，次の比を求めましょう。

(1)　相似比　　　(2)　1つの面の面積の比

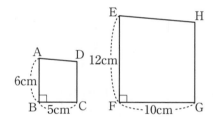
立体 A　　　　　立体 B

(3)　表面積の比　　　(4)　体積の比

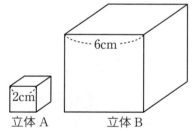

> 2乗，3乗は，cm², cm³ と
> 関連づけて覚えればいいね。

3 相似比と面積の比，体積の比　2つの相似な三角柱 A，B があり，相似比は1：2です。

(1)　三角柱 A の底面積が 8cm² のとき，三角柱 B の底面積は何 cm² ですか。

(2)　三角柱 B の体積が 192cm³ のとき，三角柱 A の体積は何 cm³ ですか。

1 相似比と面積の比　右の図において，四角形 ABCD と四角形 GHEF は相似です。これらの四角形について，次の比を求めましょう。

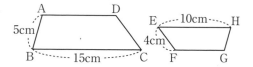

(1) 相似比

(2) 面積の比

2 相似比と面積の比，体積の比　右の図の２つの円錐 P と Q は相似です。これらの円錐について，次の比を求めましょう。

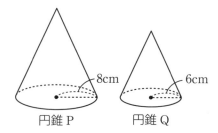

円錐 P　　円錐 Q

(1) 相似比

(2) 底面積の比

(3) 表面積の比

(4) 体積の比

3 相似比と面積の比，体積の比　次の問いに答えましょう。

(1) ２つの相似なひし形 A と B があり，１辺の長さは A が 15cm，B が 10cm です。ひし形 A の面積が 216cm² のとき，ひし形 B の面積は何 cm² ですか。

(2) ２つの相似な円柱 A と B があり，底面の半径は A が 6cm，B が 8cm です。円柱 A の体積が 162π cm³ のとき，円柱 B の体積は何 cm³ ですか。

↗ ステップアップ

4 右の図の立体は，高さが 12cm の円錐を，底面から 4cm の距離の平面で切り，頂点をふくむ方の円錐を取り除いたものです。

(1) 切り取った円錐ともとの円錐の相似比を求めましょう。

(2) この立体の上の底面と下の底面の面積の比を求めましょう。

(3) もとの円錐の体積が 270π cm³ のとき，この立体の体積は何 cm³ ですか。

1 円周角の定理

円周角の性質を知ろう

解説動画も
チェック！

✔ チェックしよう！

☑ **円周角の定理**

① 1つの弧に対する円周角の大きさは，その
弧に対する中心角の大きさの半分である。

② 同じ弧に対する円周角の大きさは等しい。

👆**覚えよう** $\angle APB = \angle AQB = \dfrac{1}{2}\angle AOB$

③ 半円の弧に対する円周角は 90° である。

👆**覚えよう** AB が直径ならば，$\angle APB = 90°$

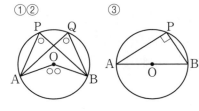

☑ **円周角の定理の逆（図1）**

2点 P，Q が直線 AB について同じ側にあり，

$\angle APB = \angle AQB$ ならば，4点 A, B, P, Q は同じ円周上にある。

図1

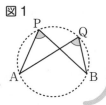

確認問題

👆 **1** 円周角の定理　∠x の大きさをそれぞれ求めましょう。

(1) 58° x

(2) 75° x

(3) x 42° 36°

2 円周角と中心角　∠x の大きさをそれぞれ求めましょう。

👆 (1)  x O 64°

👆 (2) 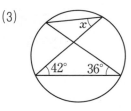 68° O x

✌ (3) 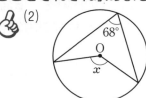 x O

👆 **3** 円周角の定理　∠x の大きさをそれぞれ求めましょう。

(1) 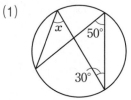 x 50° 30°

(2) 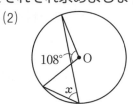 108° O x

(3) 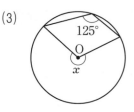 125° O x

1 円周角の定理　∠x の大きさをそれぞれ求めましょう。

(1)
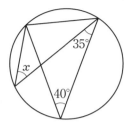

(2)
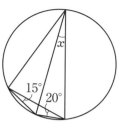

(3)
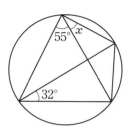

(4)
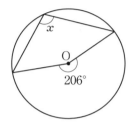

(5)
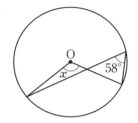

(6)
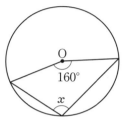

(7)
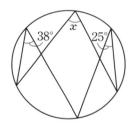

(8)
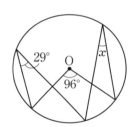

(9)
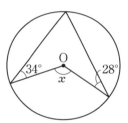

2 円周角の定理　∠x，∠y の大きさをそれぞれ求めましょう。

(1)
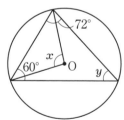

(2)
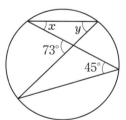

(3)
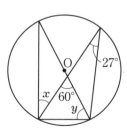

(4)
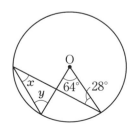

(5)
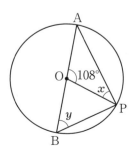

(6)
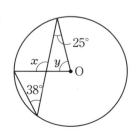

第6章　　　円

2 円周角と弧の長さ
等しい弧と円周角の関係を知ろう

✔ チェックしよう！

☑ **等しい弧に対する円周角**

1つの円で，等しい弧に対する中心角の大きさは等しく，
逆に，等しい中心角に対する弧の長さは等しい。
よって，

👆覚えよう　1つの円で，長さの等しい弧に対する円周角は等しい。

$$\overset{\frown}{AB}=\overset{\frown}{CD} \quad ならば \quad \angle APB = \angle CQD$$

✌覚えよう　1つの円で，等しい円周角に対する弧の長さは等しい。

$$\angle APB = \angle CQD \quad ならば \quad \overset{\frown}{AB}=\overset{\frown}{CD}$$

> 弧の長さ＝直径 × π × $\dfrac{中心角}{360°}$ だよね。
> 円周角が1つに決まれば，弧の長さも
> 1つに決まるし，逆も成り立つんだ！

確認問題

👆 **1** 円周を等分する点　右の図で，点 A，B，C，D，E は，円周を5等分する点です。∠x，∠y の大きさを求めましょう。

👆 **2** 等しい弧と円周角　右の図で，$\overset{\frown}{AB}=\overset{\frown}{BC}=\overset{\frown}{CD}$ のとき，∠x，∠y の大きさを求めましょう。

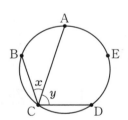

👆 **3** 円周を等分する点　右の図で，点 A，B，C，D，E，F は，円周を6等分する点です。∠x，∠y，∠z の大きさを求めましょう。

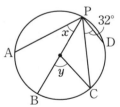

> 円周が等分されるなら，中心角も等分されるよね。

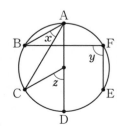

64

1 円周角と弧の長さ　∠x の大きさをそれぞれ求めましょう。

(1)

(円周上の各点は，円周)
(を5等分する点)

(2)

(円周上の各点は，円周)
(を8等分する点)

(3)

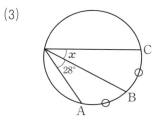

($\overset{\frown}{AB} = \overset{\frown}{BC}$)

(4)

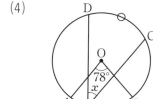

($\overset{\frown}{AB} = \overset{\frown}{CD}$)

(5)

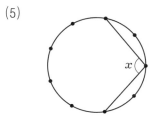

(円周上の各点は，円周)
(を9等分する点)

(6)

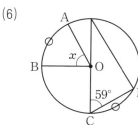

($\overset{\frown}{AB} = \overset{\frown}{CD}$)

(7)

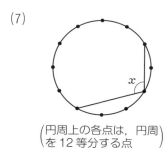

(円周上の各点は，円周)
(を12等分する点)

(8)

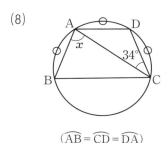

($\overset{\frown}{AB} = \overset{\frown}{CD} = \overset{\frown}{DA}$)

(9)

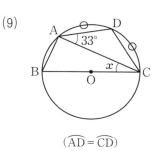

($\overset{\frown}{AD} = \overset{\frown}{CD}$)

ステップアップ

2 右の図で，4点 A，B，C，D は円 O の周上の点で，$\overset{\frown}{AB} = \overset{\frown}{AD}$ です。弦 AC と BD の交点を E とすると，△ABC∽△DEC であることを，次のように証明しました。次の下線部にあてはまることばや記号を入れて，証明を完成させましょう。

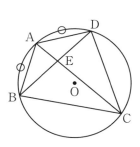

（証明）

△ABC と△DEC において，

弧＿＿＿に対する円周角で，∠＿＿＿＿＿＿＿＿＝∠EDC…①

長さの等しい弧に対する円周角は等しいので，∠ACB＝∠＿＿＿＿＿＿…②

①，②より，＿＿＿＿＿＿＿＿＿＿＿＿＿＿＿＿がそれぞれ等しいので，

△ABC∽△DEC

3 円と接線
円の接線の性質を理解しよう

✔チェックしよう！

解説動画も
チェック！

☑ **円の接線には，次のような性質がある。**

☝覚えよう　円の接線は，接点を通る半径に垂直である。（図1）

✌覚えよう　円外の1点から，その円にひいた2つの接線の長さは等しい。（図2）

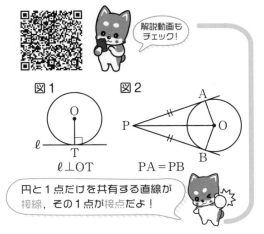

図1　　　　　　図2

$\ell \perp OT$　　　$PA = PB$

円と1点だけを共有する直線が接線，その1点が接点だよ！

確認問題

☝ **1 円の接線** 下の図で，直線 ℓ，m は円 O の接線です。$\angle x$ の大きさをそれぞれ求めましょう。

(1)
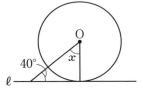

(2)
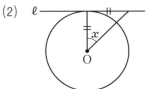

(3)
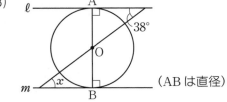

（AB は直径）

(4)
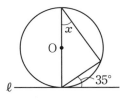

✌ **2 円の接線** 下の図で，線分 PA，PB は円 O の接線です。それぞれ線分の長さや角の大きさを求めましょう。

(1) 線分 PB の長さ，$\angle x$ の大きさ

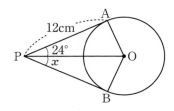

(2) 線分 PA の長さ，$\angle x$ の大きさ

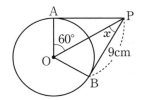

接線と半径は垂直だよ。2つの接線の長さはどうだったかな。

66

1 円の接線　下の図で，直線 l，m は円 O の接線です。∠x の大きさをそれぞれ求めましょう。

(1)
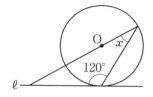

(2)
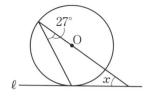

(3)
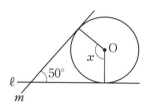

(4)
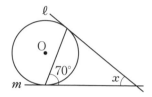

(5)
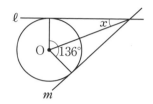

(6)
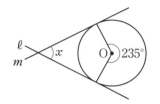

2 円の接線　下の図のように，円 O がそれぞれ 3 つの直線と接しているとき，次の長さを求めましょう。

(1)　辺 AC の長さ
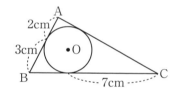

(2)　辺 BC の長さ
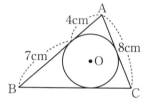

(3)　△DPE の周の長さ
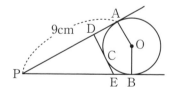

(4)　△ABC の周の長さ
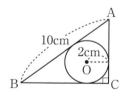

3 円の接線の作図　下の図で，点 P を通り，円 O に接する直線の 1 つを，コンパスと定規を使って作図しましょう。ただし，作図に用いた線は消さずに残しておくこと。

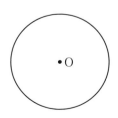

1 三平方の定理

直角三角形の辺の長さの関係を知ろう

☑️チェックしよう！

☑️ **三平方の定理**

直角三角形 ABC の直角をはさむ 2 辺の長さを a，b，斜辺の長さを c とすると，次の関係が成り立つ。

覚えよう $a^2 + b^2 = c^2$

非常に重要な定理だよ！図形の世界がいっぺんに広がるよ！

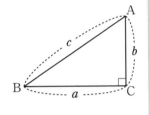

 確認問題

 1 三平方の定理　下の図の直角三角形で，x の値をそれぞれ求めましょう。

(1)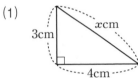
3cm　$x$cm　4cm

(2)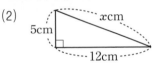
5cm　$x$cm　12cm

(3)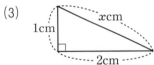
1cm　$x$cm　2cm

(4)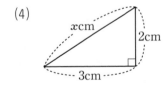
$x$cm　2cm　3cm

(5)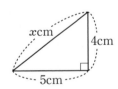
$x$cm　4cm　5cm

(6)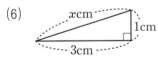
$x$cm　1cm　3cm

 2 三平方の定理　下の図の直角三角形で，x の値をそれぞれ求めましょう。

(1)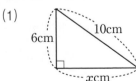
6cm　10cm　$x$cm

(2)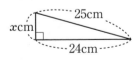
$x$cm　25cm　24cm

(3)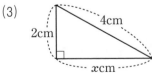
2cm　4cm　$x$cm

(4)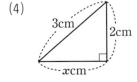
3cm　2cm　$x$cm

(5)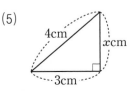
4cm　$x$cm　3cm

(6)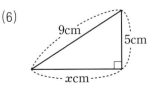
9cm　5cm　$x$cm

1 三平方の定理　下の図の直角三角形で，x の値をそれぞれ求めましょう。

(1)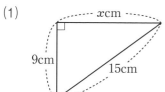

(2)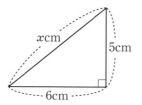

(3)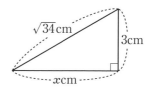

(4)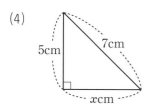

(5)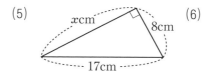

(6)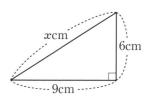

(7)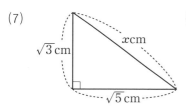

(8)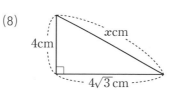

(9)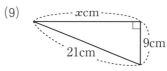

(10)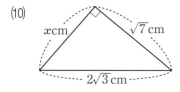

(11)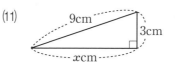

(12)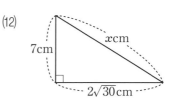

ステップアップ

2 次の問いに答えましょう。

(1) 縦が 6cm，横が 12cm の長方形の対角線の長さは何 cm ですか。

(2) 対角線の長さが 34cm で，縦の長さが 30cm の長方形の横の長さは何 cm ですか。

(3) 2 本の対角線の長さが 8cm，4cm のひし形の 1 辺の長さは何 cm ですか。

√ の計算に
慣れよう！

2 三平方の定理の逆

直角三角形になる条件を知る

✔チェックしよう！

☑三平方の定理の逆

△ABC で，BC＝a，CA＝b，AB＝c とすると，

覚えよう　$a^2+b^2=c^2$ ならば，∠C＝90°

$a^2+b^2>c^2$ なら鋭角三角形，
$a^2+b^2<c^2$ なら鈍角三角形だよ！

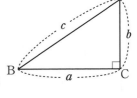

確認問題

1 三平方の定理の逆　3辺の長さが次のような三角形のうち，直角三角形を選んで，それぞれ記号で答えましょう。

(1)ア　12cm，16cm，20cm 　　　　イ　8cm，10cm，15cm
　ウ　5cm，7cm，9cm 　　　　　　　エ　6cm，9cm，11cm

(2)ア　7cm，10cm，12cm 　　　　　イ　5cm，8cm，9cm
　ウ　5cm，12cm，13cm 　　　　　　エ　3cm，5cm，6cm

(3)ア　$\sqrt{2}$cm，$\sqrt{3}$cm，$\sqrt{6}$cm 　　　イ　$\sqrt{3}$cm，$\sqrt{5}$cm，$\sqrt{10}$cm
　ウ　$\sqrt{2}$cm，$\sqrt{3}$cm，$\sqrt{5}$cm 　　　エ　$\sqrt{5}$cm，$\sqrt{6}$cm，$\sqrt{13}$cm

(4)ア　$\sqrt{3}$cm，$\sqrt{6}$cm，$\sqrt{11}$cm 　　イ　$\sqrt{10}$cm，$\sqrt{11}$cm，$\sqrt{21}$cm
　ウ　$\sqrt{5}$cm，$\sqrt{7}$cm，$\sqrt{10}$cm 　　エ　$\sqrt{15}$cm，$\sqrt{30}$cm，$\sqrt{42}$cm

(5)ア　$\sqrt{7}$cm，$\sqrt{10}$cm，$\sqrt{15}$cm 　　イ　$\sqrt{3}$cm，$\sqrt{7}$cm，$\sqrt{13}$cm
　ウ　$\sqrt{2}$cm，$\sqrt{6}$cm，$\sqrt{7}$cm 　　　エ　$\sqrt{6}$cm，$\sqrt{15}$cm，$\sqrt{21}$cm

2 三平方の定理　直角三角形の直角をはさむ2辺の長さを a，b，斜辺の長さを c として，次のときの c の値をそれぞれ求めましょう。

(1)　$a=1$，$b=4$ 　　　　　　　　(2)　$a=7$，$b=9$

1 三平方の定理の逆　3辺の長さが次のような三角形のうち，直角三角形を選んで，それぞれ記号で答えましょう。

(1) ア　15cm，20cm，24cm　　　　　イ　16cm，30cm，34cm
　　ウ　7cm，13cm，15cm　　　　　　エ　8cm，12cm，14cm

(2) ア　$\sqrt{7}$cm，$\sqrt{13}$cm，$\sqrt{15}$cm　　　イ　$\sqrt{3}$cm，$\sqrt{10}$cm，$\sqrt{11}$cm
　　ウ　$\sqrt{10}$cm，$\sqrt{15}$cm，$\sqrt{30}$cm　　エ　$\sqrt{7}$cm，$\sqrt{14}$cm，$\sqrt{21}$cm

(3) ア　$\sqrt{15}$cm，$2\sqrt{5}$cm，$2\sqrt{10}$cm　　イ　$2\sqrt{3}$cm，$3\sqrt{2}$cm，$\sqrt{30}$cm
　　ウ　$3\sqrt{3}$cm，$4\sqrt{3}$cm，$4\sqrt{6}$cm　　エ　$2\sqrt{3}$cm，$2\sqrt{7}$cm，$3\sqrt{5}$cm

(4) ア　$2\sqrt{2}$cm，$2\sqrt{7}$cm，6cm　　　イ　$2\sqrt{3}$cm，5cm，6cm
　　ウ　$2\sqrt{5}$cm，$\sqrt{30}$cm，7cm　　　エ　$2\sqrt{6}$cm，$4\sqrt{3}$cm，9cm

(5) ア　0.5m，1.6m，2m　　　　　　イ　0.5m，1.2m，1.3m
　　ウ　1m，1.5m，1.8m　　　　　　エ　0.6m，0.5m，1m

(6) ア　$50\sqrt{2}$cm，0.6m，1m　　　　イ　$10\sqrt{15}$cm，40cm，0.5m
　　ウ　0.7m，$70\sqrt{3}$cm，1.4m　　　エ　150cm，$\sqrt{5}$m，2.5m

2 三平方の定理　直角三角形の直角をはさむ2辺の長さを a，b，斜辺の長さを c とするとき，次の長さを求めましょう。

(1)　$a＝21$cm，$b＝72$cm のとき，c の長さ

(2)　$a＝24$cm，$c＝40$cm のとき，b の長さ

√ の計算もマスターする必要があるね！

3 三平方の定理と平面図形
平面図形への応用

✔チェックしよう！

☑ **特別な直角三角形の３辺の長さの比**

👆 覚えよう　①直角二等辺三角形　$1 : 1 : \sqrt{2}$

　　　　　　② 30°，60° の直角三角形　$1 : \sqrt{3} : 2$

いちいち計算しなくてもすむ
ように，正確におぼえよう！

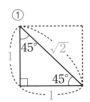

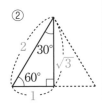

 確認問題

👆 **1** 特別な三角形　下の図で，x の値をそれぞれ求めましょう。

(1)

(2)

(3)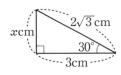

(4)

(5)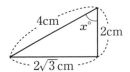

(6)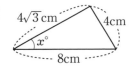

👆 **2** 三平方の定理の平面図形への応用　次の問いに答えましょう。

実際に図をかい
て考えてみよう。

(1)　1 辺が 4cm の正三角形の面積は何 cm² ですか。

(2)　対角線の長さが $2\sqrt{2}$ cm の正方形の 1 辺の長さは何 cm ですか。

3 2 点間の距離　次の 2 点間の距離を求めましょう。

(1)　(2, 2)，(5, 6)

(2)　(−2, 1)，(2, 3)

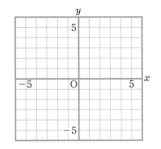

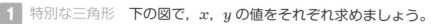

1 特別な三角形　下の図で，x，y の値をそれぞれ求めましょう。

(1)
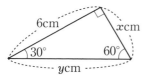

(2)
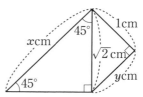

(3)
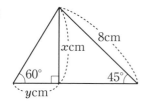

(4)
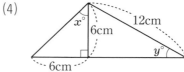

2 2点間の距離　次の2点間の距離を求めましょう。

(1)　$(4,\ 1)$，$(8,\ -3)$

(2)　$(5,\ 2)$，$(-3,\ -4)$

3 円への応用　次の問いに答えましょう。

(1)　右の図のように，半径 6cm の円の中心から 4cm の距離に弦 AB があります。弦 AB の長さを求めましょう。

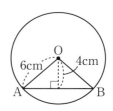

(2)　半径 2cm の円の中心から 8cm 離れた点から円にひいた接線の長さを求めましょう。

ステップアップ

4 右の図のような，AB＝4cm，BC＝6cm，∠B＝60°の△ABC があります。これについて，次の問いに答えましょう。

(1)　△ABC の面積は何 cm² ですか。

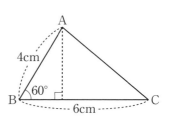

(2)　辺 AC の長さは何 cm ですか。

4 三平方の定理と空間図形

空間図形を平面の問題として考える

✔チェックしよう！

✓ 直方体の対角線

縦が a，横が b，高さが c の直方体の対角線の長さ ℓ は，

👆覚えよう　$\ell=\sqrt{a^2+b^2+c^2}$

※特に，1 辺の長さが a の立方体の対角線の長さ ℓ は，

$\ell=\sqrt{3}\,a$

問題の面を正面から見て，平面の問題として考えるんだよ！

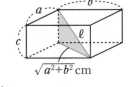

確認問題

 1 直方体の対角線　次の直方体や立方体の対角線の長さをそれぞれ求めましょう。

(1)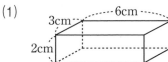

(2)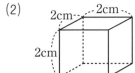

(3)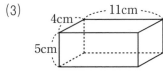

2 球の切り口　下の各図は，球を 1 つの平面で切ったものです。切り口の円の半径をそれぞれ求めましょう。

(1)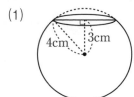

(2)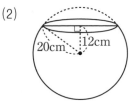

(3)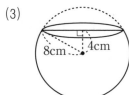

3 円錐の高さと体積　右の図のような，底面の半径が 9cm，母線の長さが 15cm の円錐（えんすい）があります。

(1) この円錐の高さは何 cm ですか。

(2) この円錐の体積は何 cm³ ですか。

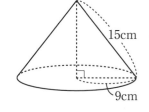

必ず自分で平面の図をかいて考えよう。

1 空間図形への応用 　下の図について，それぞれの長さを求めましょう。

(1) 直方体の対角線の長さ　　(2) 切り口の円の半径　　(3) 円錐の高さ

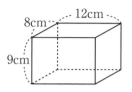
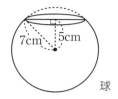
球

2 図形への応用 　下のそれぞれの図形について，(1)，(2)は面積，(3)，(4)は体積を求めましょう。

(1) 二等辺三角形

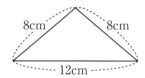

(2) 台形

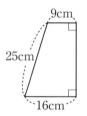

(3) 円錐

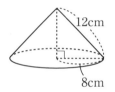

(4) 正四角錐

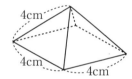

↗ ステップアップ

3 次の問いに答えましょう。

(1) 右の図の直方体で，辺 BF 上に点 P をとり，AP＋PG の長さが最も短くなるようにします。このとき，AP＋PG の長さを求めましょう。

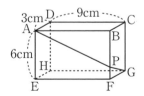

(2) 右の図の円錐で，点 A を出発し，円錐の側面上を1周して点 A にもどる最短の経路の長さを求めましょう。

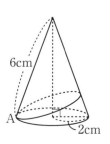

5 三平方の定理の利用
いろいろな問題に応用しよう

✔チェックしよう！

☑ 図1のように，半径 4cm の円 O の周上に 4 点 A，B，C，D があり，弦 BD は円 O の直径，∠CAD＝30°である。このときの弦 BC の長さは，次のように求める。

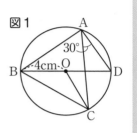
図1

① 弦 BD は直径だから，∠BAD＝90°　よって，∠BAC＝60°
② 中心角は円周角の 2 倍だから，∠BOC＝120°
③ 図2のように，中心 O から弦 BC に垂線 OH をひくと，
　　△OBH≡△OCH
　　△OBH は，60°，30°の直角三角形だから，
　　OH＝2cm，BH＝2√3 cm
④ BC＝2BH より，BC＝2×2√3＝4√3 (cm)

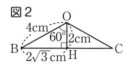
図2

中学の図形問題の総仕上げだ！今まで学習したいろいろな知識が問われるよ。

確認問題

1 2点間の距離　右の図で，2 点 A，B は，関数 $y=x^2$ のグラフ上の点で，x 座標はそれぞれ−2, 3 です。線分 AB の長さを求めましょう。

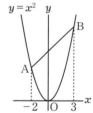

2 三平方の定理と相似　右の図の△ABC は，3 つの頂点が半径 8cm の円 O の周上にあり，AB＝14cm，弦 BC は円 O の直径です。点 A から弦 BC に垂線 AD をひくとき，線分 CD の長さを求めましょう。

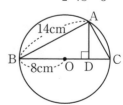

三平方の定理や相似を利用しよう。ていねいに，確実にね。

3 三平方の定理と円　右の図の△ABC は，1 辺が 6cm の正三角形で，3 つの頂点は円 O の周上にあります。また，弦 BP は円 O の直径です。このとき，円 O の半径を求めましょう。

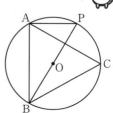

1 2点間の距離　頂点の座標が，A（−1，3），B（1，−1），
C（3，5）の△ABCがあります。

(1)　辺BCの長さを求めましょう。

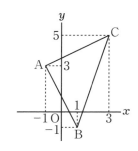

(2)　△ABCはどのような三角形ですか。

2 三平方の定理と相似　右の図で，△ABCは，AB＝3cm,
AC＝5cmの直角三角形です。点Dは辺AC上の点で，
BD⊥ACのとき，線分BDの長さを求めましょう。

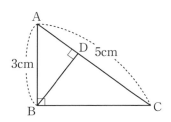

3 三平方の定理と円　右の図のように，半径6cmの円Oの周上に
3点A，B，Cがあり，∠BAC＝30°です。このとき，△OBC
の面積を求めましょう。

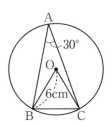

4 三平方の定理と面積　右の図のような△ABCがあります。
点Aから辺BCにひいた垂線をAHとし，AH＝$h$cm,
BH＝$x$cmとします。

(1)　△ABHと△ACHで三平方の定理を使い，h^2を
それぞれxの式で表しましょう。

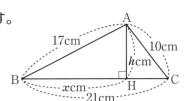

(2)　xの値を求めましょう。

(3)　△ABCの面積を求めましょう。

1 標本調査
一部から全体の性質を調べる

✔チェックしよう！

☑ ある集団について何かを調べるとき，
集団すべてについて調べること　→　全数調査
一部を取り出して全体の性質を推測すること　→　標本調査（ひょうほん）
標本調査を行うとき，調べる集団全体を母集団（ぼしゅうだん），
調べるために取り出した一部の資料を標本という。

☑ 標本調査で母集団の性質を推測するときには，標本の平均値を母集団の平均
値と考え，比率を利用する。

例）　ある工場で生産された製品 100 個を無作為（むさくい）に抽出（ちゅうしゅつ）したところ，そのう
ちの 2 個が不良品であった。
このとき，この工場で生産された製品 15000 個のうちの不良品の個数は，
$15000 \times \dfrac{2}{100} = 300$ より，およそ 300 個と推測される。

> 標本調査は，全数調査が難しい
> ときに行われるんだ！

確認問題

1 全数調査と標本調査　次の調査では，全数調査と標本調査のどちらが適切ですか。
(1)　ある新聞社が行う世論調査。
(2)　ある工場で生産された製品の耐用（たいよう）年数の検査。
(3)　ある中学校の生徒の身体検査。
(4)　テレビ番組の視聴率（しちょうりつ）調査。
(5)　高校の入学試験での学力判定。

> 数が多すぎたり，検査でなく
> なったりすると困るね。

2 母集団の性質の推測　ある工場で大量に生産された製品から，500 個を無作為に抽
出したところ，そのうちの 6 個が不良品でした。この工場で，ある日生産された
20000 個の製品のうち，不良品の個数はおよそ何個と推測されますか。

3 母集団の性質の推測　たくさんの白玉が入っている箱から 50 個取り出し，その全部
に印をつけて箱にもどしました。次に，箱の中から無作為に 40 個の玉を取り出した
ところ，印のついた玉が 2 個ありました。箱の中の玉の個数はおよそ何個と推測さ
れますか。

1 全数調査と標本調査　次の調査では，全数調査と標本調査のどちらが適切ですか。
(1)　5年に1度行われる国勢調査。
(2)　ある中学校の生徒の進路希望調査。
(3)　有権者の政党支持率の調査。
(4)　ある食品工場で生産された食品の品質検査。
(5)　国民全体の平均睡眠時間の調査。

2 標本調査　次の標本調査について，標本の選び方が適切なものを答えましょう。
　ア　ある中学校で生徒の読書時間を調べるのに，女子だけを選んだ。
　イ　有権者全体の内閣支持率を調べるのに，都市部の有権者5000人を選んだ。
　ウ　ある中学校の生徒の通学時間を調べるのに，生徒全員に番号をつけ，乱数さいを投げて50人を選んだ。

3 母集団の性質の推測　同じ大きさの赤玉と白玉が合わせて600個入っている箱の中から，無作為に玉を40個取り出したところ，そのうちの24個が白玉でした。箱の中の白玉全体の個数はおよそ何個と推測されますか。

4 母集団の性質の推測　ある工場では，毎日150000個の製品を製造しています。ある日に製造された製品のうち，600個を選んで品質を調べたところ，2個が不良品でした。この日にこの工場で製造された製品のうち，不良品の個数はおよそ何個と推測されますか。

5 母集団の性質の推測　ある池で鯉の生息数を調べるために，25匹の鯉をつかまえて，その全部に印をつけて池にもどしました。1週間後に同じ池で28匹の鯉をつかまえたところ，印のついた鯉が2匹いました。この池の鯉の数はおよそ何匹と推測されますか。

6 母集団の性質の推測　白い玉がたくさん入っている箱があります。この箱の中の白い玉の個数を調べるために，白い玉と同じ大きさの黒い玉を45個箱の中に入れ，よくかき混ぜました。その後，箱の中から80個の玉を取り出したところ，黒い玉が3個ふくまれていました。はじめに箱の中にあった白い玉は何個と推測されますか。

初版
第1刷 2021年7月1日 発行

●編 者
　　数研出版編集部
●カバー・表紙デザイン
　　株式会社クラップス

発行者　星野　泰也

ISBN978-4-410-15533-8

新課程　とにかく基礎　中3数学

発行所　**数研出版株式会社**

〒101-0052　東京都千代田区神田小川町2丁目3番地3
　　　　　　　〔振替〕00140-4-118431
〒604-0861　京都市中京区烏丸通竹屋町上る大倉町205番地
〔電話〕代表　(075)231-0161
ホームページ　https://www.chart.co.jp
印刷　創栄図書印刷株式会社

　　乱丁本・落丁本はお取り替えいたします　210601

第1章　式の計算

1　単項式と多項式の乗法

確認問題 ──────── 4ページ

1. (1) $2a^2+3ab$ (2) $5b^2-6bc$
   (3) $-15x^2+18xy$ (4) $-7xy+14y^2$
   (5) $-50p^2+20pq$ (6) $10m^2+5mn$
2. (1) $2x+3$ (2) $-3ab-2a$
   (3) $2a+3b$ (4) $-15x^2y+10x$

練習問題 ──────── 5ページ

1. (1) $3x^2+2xy$ (2) a^2-5ab
   (3) $-16m^2+80mn$
   (4) $-4ab+6b^2$ (5) $-30x^2+15xy$
   (6) $6x^2+8xy$
2. (1) $2ab+b^2$ (2) $-5mn-3m^2$
   (3) $12x+14y$ (4) $-27ab^2+18b$
3. (1) $3x^2+3xy-3xz$
   (2) $-4a+6a^2-8ab$
   (3) $9x^2+21x$
   (4) $-ab-2ac-\dfrac{2}{5}a$
   (5) $10x-20y+40$
   (6) $4+\dfrac{28}{3}a+8b$

練習問題の解説

3. (5) $(12x^2y-24xy^2+48xy)\div\dfrac{6}{5}xy$

$=(12x^2y-24xy^2+48xy)\times\dfrac{5}{6xy}$

$=12x^2y\times\dfrac{5}{6xy}-24xy^2\times\dfrac{5}{6xy}+48xy\times\dfrac{5}{6xy}$

$=10x-20y+40$

(6) $(-3a^2-7a^3-6a^2b)\div\left(-\dfrac{3}{4}a^2\right)$

$=(-3a^2-7a^3-6a^2b)\times\left(-\dfrac{4}{3a^2}\right)$

$=-3a^2\times\left(-\dfrac{4}{3a^2}\right)-7a^3\times\left(-\dfrac{4}{3a^2}\right)$

$\qquad\qquad\qquad -6a^2b\times\left(-\dfrac{4}{3a^2}\right)$

$=4+\dfrac{28}{3}a+8b$

2　展開の公式

確認問題 ──────── 6ページ

1. (1) x^2+5x+6 (2) y^2-6y+5
   (3) $x^2+3x-28$ (4) $a^2-5a-24$
2. (1) x^2+2x+1 (2) $x^2+10x+25$
   (3) $a^2+16a+64$ (4) x^2-4x+4
   (5) $y^2-12y+36$ (6) $x^2-x+\dfrac{1}{4}$
3. (1) x^2-4 (2) a^2-36

練習問題 ──────── 7ページ

1. (1) $x^2+8x+15$ (2) $x^2-15x+56$
   (3) $a^2-18a+81$ (4) $49+14a+a^2$
   (5) x^2-121 (6) $b^2-7b-60$
   (7) x^2-49 (8) $m^2+5m-36$
   (9) $9-6x+x^2$ (10) $x^2+4x-21$
   (11) $p^2-\dfrac{1}{9}$ (12) $x^2-0.16$
   (13) $x^2-1.2x+0.36$
   (14) $x^2+\dfrac{1}{2}x-\dfrac{3}{16}$ (15) $4t^2+10t+4$
   (16) $9x^2+6x+1$ (17) $16x^2-25$
   (18) $x^2-3xy-10y^2$
   (19) $9a^2+12ab+4b^2$
   (20) $4x^2-25y^2$

3　展開の公式の利用

確認問題 ──────── 8ページ

1. (1) $a^2+2ab+b^2-16$
   (2) $x^2-2xy+y^2-1$
   (3) $a^2+10a+25-b^2$
   (4) $x^2+8x+16-y^2$
2. (1) $6x+25$ (2) $2x^2-12x+48$
   (3) $-x^2+20x-150$
   (4) $a^2+14ab+b^2$

練習問題 ──────── 9ページ

1. (1) $a^2+2ab+b^2-6a-6b+8$
   (2) $a^2-2ab+b^2+8a-8b+15$

(3) $x^2-2xy+y^2+2x-2y-35$

(4) $x^2+2xy+y^2-6x-6y+9$

(5) $x^2-2xy+y^2+4x-4y+4$

(6) $a^2-4ab+4b^2-12a+24b+36$

(7) $x^2+6xy+9y^2-4$

(8) $x^2-8x+16-4y^2$

2 (1) $3x^2-12x+62$

(2) $-3a^2-12a+51$

(3) $x^2-10x+24$　(4) $7x^2-68x+69$

(5) $5p^2+12p-10$　(6) $-x^2+8x+10$

(7) $-13x^2+18xy-6y^2$

(8) $-7a^2-6ab-31b^2$

3 (1) $4ab+4a+8b-17$

(2) $-7x^2+12xy+2y^2-8x+4y-11$

練習問題の解説

3 (1) $a+b=$A, $a-b=$B とする。

$(a+b-2)(a+b+8)-(a-b+1)^2$

$=($A$-2)($A$+8)-($B$+1)^2$

$=$A$^2+6$A$-16-($B$^2+2$B$+1)$

$=$A$^2+6$A$-16-$B$^2-2$B-1

$=$A$^2-$B$^2+6$A-2B-17

　　ここで，A$=a+b$，B$=a-b$ を代入すると，

$(a+b)^2-(a-b)^2+6(a+b)-2(a-b)-17$

$=a^2+2ab+b^2-a^2+2ab-b^2+6a+6b-2a$
$+2b-17$

$=4ab+4a+8b-17$

4　共通因数

確認問題 ──────── 10 ページ

1 (1) $a(a+1)$　　(2) $2a(b-2c)$

(3) $2x(3a-b+2c)$

(4) $xy(x+y+2)$

(5) $(x-5)(y+z)$

(6) $(x-1)(a+b)$

練習問題 ──────── 11 ページ

1 (1) $a(a-b)$　　(2) $x(2a+3b)$

(3) $m(x+y-1)$

(4) $-x(a-2b+c)$

(5) $-5x(x-3y)$　(6) $2ab(a-3b)$

(7) $14b^2(2a-3)$

(8) $5b(ac+3a-2c)$

(9) $abc(3a-2b-c)$

(10) $4xy(5xy-3y+2)$

(11) $2x(x-2y-4)$

(12) $-3ab(a-3-4b)$

(13) $3n(n-2m-3m^2)$

(14) $-4xy(xy+3x+5y)$

(15) $(a+b)(x-y)$

(16) $(2a+1)(b+2)$

5　因数分解

確認問題 ──────── 12 ページ

1 (1) $(x+2)(x+4)$　(2) $(a-3)(a-5)$

(3) $(x+6)(x-3)$　(4) $(y+3)(y-7)$

2 (1) $(x+2)^2$　　(2) $(x+5)^2$

(3) $(a+8)^2$　　(4) $(m-3)^2$

(5) $(x-7)^2$　　(6) $(p-10)^2$

3 (1) $(x+4)(x-4)$

(2) $(y+12)(y-12)$

練習問題 ──────── 13 ページ

1 (1) $(x+1)(x+2)$　(2) $(a-1)(a-3)$

(3) $(x+6)^2$　　(4) $(p+8)(p-8)$

(5) $(y+4)(y+5)$　(6) $(x-4)^2$

(7) $(x+2)(x-3)$

(8) $(x+11)(x-11)$

(9) $(m-2)(m-5)$

(10) $(x+4)(x+6)$

(11) $(x+2)(x-13)$

(12) $(a-9)^2$　　(13) $(x+9)(x-5)$

(14) $\left(t+\dfrac{1}{3}\right)\left(t-\dfrac{1}{3}\right)$

(15) $\left(x+\dfrac{1}{2}\right)^2$

(16) $(x+0.2)(x-0.2)$

(17) $(xy+3)^2$

(18) $(a+7b)(a-7b)$

(19) $(2x-1)^2$

(20) $(a+5b)(a-3b)$

6 いろいろな因数分解

確認問題 ──────── 14 ページ

1 (1) $2(x-3)(x+5)$
  (2) $3a(a-3)(a-4)$
  (3) $-a(x-4)^2$
  (4) $5a(x+3)(x-3)$

2 (1) $(a-b+3)(a-b+7)$
  (2) $(a+b-2)(a+b-4)$
  (3) $(x+y-7)^2$
  (4) $(x-y-4)(x-y+2)$

練習問題 ──────── 15 ページ

1 (1) $x(x-5)(x+2)$
  (2) $2a(a+1)(a+5)$
  (3) $-4x(x-2)(x+3)$
  (4) $3x(x-2)^2$ (5) $3x(a+2)(a-2)$
  (6) $5xy(2x+y)(2x-y)$
  (7) $4a(a-b)(a-3b)$
  (8) $2x(3x-4)^2$

2 (1) $(a+b)(a+b+1)$
  (2) $(x+y-4)(x+y-5)$
  (3) $(a-b+4)(a-b-15)$
  (4) $(x+y-5)^2$ (5) $(2x+y+3)^2$
  (6) $(a+b-4)(a+b+1)$
  (7) $(x+2y+5)(x+2y-3)$
  (8) $(2x-y-2)^2$

3 49

練習問題の解説

3 $x^2-16x+64$ を因数分解すると，
  $x^2-16x+64=(x-8)^2$
  これに，$x=15$ を代入すると，
  $(15-8)^2=7^2=49$

第2章	平方根

1 平方根

確認問題 ──────── 16 ページ

1 (1) ±7 (2) ±1 (3) ±11
  (4) $\pm\sqrt{7}$ (5) $\pm\sqrt{13}$ (6) $\pm\sqrt{30}$

2 (1) 6   (2) 9   (3) -10

3 (1) 9   (2) 5   (3) 6

4 (1) $\sqrt{5}<\sqrt{6}$ (2) $-\sqrt{3}>-\sqrt{6}$

練習問題 ──────── 17 ページ

1 (1) ±8 (2) $\pm\sqrt{2}$ (3) $\pm\sqrt{10}$
  (4) 0   (5) ±0.1 (6) ±0.4
  (7) $\pm\dfrac{1}{2}$ (8) $\pm\sqrt{\dfrac{2}{3}}$ (9) $\pm\dfrac{3}{5}$

2 (1) 2   (2) 30   (3) -16
  (4) 0.2   (5) 0.5   (6) -1.2
  (7) $-\dfrac{2}{3}$ (8) $\dfrac{5}{4}$ (9) $-\dfrac{7}{20}$

3 (1) 15   (2) -7 (3) 3
  (4) 0.3   (5) $\dfrac{1}{2}$ (6) 1.2

4 (1) $\sqrt{3}$，2，$\sqrt{5}$，$\sqrt{10}$
  (2) 2.4，$\sqrt{6}$，$\sqrt{\dfrac{25}{4}}$，$\sqrt{8}$，3

2 根号をふくむ式の乗除①

確認問題 ──────── 18 ページ

1 (1) $\sqrt{6}$ (2) $\sqrt{15}$ (3) $-\sqrt{30}$
  (4) $\sqrt{21}$ (5) $\sqrt{42}$ (6) $-\sqrt{105}$

2 (1) $\sqrt{2}$ (2) $\sqrt{7}$
  (3) $\sqrt{6}$ (4) $-\sqrt{5}$

3 (1) $2\sqrt{2}$ (2) $3\sqrt{3}$
  (3) $5\sqrt{2}$ (4) $4\sqrt{5}$

練習問題 ──────── 19 ページ

1 (1) $\sqrt{10}$ (2) $\sqrt{30}$ (3) $-6\sqrt{30}$
  (4) $\sqrt{5}$ (5) $\sqrt{\dfrac{5}{2}}$ (6) $-\sqrt{\dfrac{3}{7}}$

2 (1) $2\sqrt{5}$ (2) $5\sqrt{3}$ (3) $4\sqrt{6}$
  (4) $6\sqrt{3}$ (5) $\dfrac{2\sqrt{3}}{5}$ (6) $\dfrac{2\sqrt{7}}{9}$

3 (1) 6   (2) $2\sqrt{30}$ (3) $-6\sqrt{2}$
  (4) $3\sqrt{10}$ (5) $12\sqrt{3}$ (6) -18

練習問題の解説

3 (5) $\sqrt{18}=\sqrt{3^2\times2}=3\sqrt{2}$，$\sqrt{24}=\sqrt{2^2\times6}$
  $=2\sqrt{6}$ より，$\sqrt{18}\times\sqrt{24}=3\sqrt{2}\times2\sqrt{6}$
  $=6\sqrt{12}$　$\sqrt{12}=\sqrt{2^2\times3}=2\sqrt{3}$ より，
  $6\sqrt{12}=6\times2\sqrt{3}=12\sqrt{3}$

3 根号をふくむ式の乗除②

確認問題 ──────── 20 ページ

1. (1) $\dfrac{\sqrt{2}}{2}$　(2) $\dfrac{2\sqrt{3}}{3}$　(3) $\dfrac{\sqrt{15}}{5}$

　(4) $\dfrac{\sqrt{30}}{6}$　(5) $\dfrac{3\sqrt{21}}{7}$　(6) $\dfrac{3\sqrt{2}}{4}$

　(7) $\dfrac{5\sqrt{2}}{6}$　(8) $\dfrac{5\sqrt{6}}{3}$　(9) $\dfrac{4\sqrt{15}}{15}$

2. (1) 14.14　　(2) 141.4

　(3) 2.828　　(4) 5.656

練習問題 ──────── 21 ページ

1. (1) $\dfrac{\sqrt{5}}{5}$　(2) $\dfrac{\sqrt{30}}{12}$　(3) $\dfrac{2\sqrt{6}}{3}$

　(4) $\dfrac{3\sqrt{15}}{5}$　(5) $\dfrac{2\sqrt{42}}{7}$　(6) $\dfrac{\sqrt{30}}{10}$

　(7) $\sqrt{3}$　(8) $3\sqrt{2}$　(9) $\dfrac{3\sqrt{10}}{2}$

　(10) $\dfrac{\sqrt{3}}{2}$　(11) $\dfrac{\sqrt{5}}{5}$　(12) $\dfrac{2\sqrt{3}}{3}$

2. (1) 31.62　　(2) 0.3162

　(3) 316.2　　(4) 0.03162

　(5) 6.324　　(6) 1.054

3. (1) 2.828　　(2) 5.196

　(3) 2.121　　(4) 3.464

練習問題の解説

3. (1) $\dfrac{4}{\sqrt{2}}=\dfrac{4\times\sqrt{2}}{\sqrt{2}\times\sqrt{2}}=\dfrac{4\sqrt{2}}{2}=2\sqrt{2}$

$\sqrt{2}=1.414$ より,

$2\sqrt{2}=2\times1.414=2.828$

　(4) $\dfrac{6\sqrt{2}}{\sqrt{6}}=\dfrac{6\sqrt{2}\times\sqrt{6}}{\sqrt{6}\times\sqrt{6}}=\dfrac{6\sqrt{12}}{6}=\sqrt{12}$

$=2\sqrt{3}$

$\sqrt{3}=1.732$ より,

$2\sqrt{3}=2\times1.732=3.464$

$\dfrac{6\sqrt{2}}{\sqrt{6}}$ で, $\sqrt{2}$ と $\sqrt{6}$ を約分して,

$\dfrac{6\sqrt{2}}{\sqrt{6}}=\dfrac{6}{\sqrt{3}}$ として分母を有理化してもよい。

4 根号をふくむ式の加減

確認問題 ──────── 22 ページ

1. (1) $6\sqrt{2}$　(2) $5\sqrt{3}$　(3) $3\sqrt{5}$

　(4) $-\sqrt{2}$　(5) $\dfrac{3\sqrt{3}}{4}$　(6) $-\dfrac{5\sqrt{6}}{12}$

2. (1) $4\sqrt{3}$　(2) $\sqrt{5}$　(3) $-3\sqrt{2}$

　(4) $-7\sqrt{7}$　(5) $\dfrac{3\sqrt{10}}{2}$　(6) $-\dfrac{3\sqrt{6}}{10}$

3. (1) $-\sqrt{2}$　(2) $4\sqrt{3}$

　(3) $-2\sqrt{5}$　(4) $\dfrac{11\sqrt{2}}{12}$

練習問題 ──────── 23 ページ

1. (1) $7\sqrt{2}$　(2) $-5\sqrt{5}$　(3) $10\sqrt{3}$

　(4) $3\sqrt{3}$　(5) $\sqrt{6}$　(6) $-8\sqrt{10}$

　(7) $\dfrac{6\sqrt{2}}{5}$　(8) $\dfrac{7\sqrt{6}}{6}$　(9) 0

　(10) $-11\sqrt{7}$　(11) $-\dfrac{5\sqrt{3}}{6}$

　(12) $\dfrac{\sqrt{15}}{6}$

2. (1) $3\sqrt{2}$　(2) $-\sqrt{3}$　(3) $5\sqrt{7}$

　(4) $2\sqrt{6}$　(5) $-2\sqrt{3}$　(6) $-4\sqrt{5}$

　(7) $10\sqrt{2}$　(8) $8\sqrt{3}$

練習問題の解説

2. (1) $\sqrt{8}=\sqrt{2^2\times2}=2\sqrt{2}$ より,

$\sqrt{2}+\sqrt{8}=\sqrt{2}+2\sqrt{2}=3\sqrt{2}$

　(5) $\dfrac{6}{\sqrt{3}}-\sqrt{48}=\dfrac{6\times\sqrt{3}}{\sqrt{3}\times\sqrt{3}}-4\sqrt{3}$

$=\dfrac{6\sqrt{3}}{3}-4\sqrt{3}=2\sqrt{3}-4\sqrt{3}=-2\sqrt{3}$

　(8) $\dfrac{15}{\sqrt{3}}+\sqrt{75}-\sqrt{12}=\dfrac{15\times\sqrt{3}}{\sqrt{3}\times\sqrt{3}}+5\sqrt{3}$

$-2\sqrt{3}=5\sqrt{3}+5\sqrt{3}-2\sqrt{3}=8\sqrt{3}$

5 根号をふくむ式の展開

確認問題 ──────── 24 ページ

1. (1) $2\sqrt{2}-2$　(2) $6+3\sqrt{3}$

　(3) $3\sqrt{5}-10$　(4) $3\sqrt{2}-6$

2. (1) $7+6\sqrt{2}$　(2) $2\sqrt{5}-3$

　(3) $1+\sqrt{3}$　(4) $18-7\sqrt{6}$

3. (1) $4-2\sqrt{3}$　(2) $10+4\sqrt{6}$

　(3) $14-6\sqrt{5}$　(4) $9-4\sqrt{2}$

4. (1) -1　(2) -7

練習問題 ──────── 25 ページ

1. (1) $4-3\sqrt{2}$　(2) $15-7\sqrt{3}$

　(3) $6+4\sqrt{2}$　(4) $9-\sqrt{6}$

　(5) -1　(6) $11-2\sqrt{10}$

　(7) $3+8\sqrt{2}$　(8) 9

　(9) $3\sqrt{2}-3\sqrt{5}$　(10) $21-12\sqrt{3}$

　(11) $36-21\sqrt{6}$　(12) -2

　(13) $7-2\sqrt{10}$　(14) $48+30\sqrt{3}$

2. (1) 2　(2) $-8\sqrt{6}$

練習問題の解説

2 (1) $x^2+4x=x(x+4)$ より，これに $x=\sqrt{6}-2$
を代入すると，
$(\sqrt{6}-2)(\sqrt{6}-2+4)$
$=(\sqrt{6}-2)(\sqrt{6}+2)=6-4=2$

(2) $x^2-y^2=(x+y)(x-y)$ より，これに
$x=\sqrt{6}-2$，$y=\sqrt{6}+2$ を代入すると，
$\{(\sqrt{6}-2)+(\sqrt{6}+2)\}\{(\sqrt{6}-2)-(\sqrt{6}+2)\}$
$=2\sqrt{6}\times(-4)=-8\sqrt{6}$

第3章　2次方程式

1　2次方程式の解き方

確認問題 ──────── 26 ページ

1 -1，3

2 (1) $x=\pm3$ (2) $x=\pm4$ (3) $x=\pm2$

(4) $x=\pm5$ (5) $x=\pm1$ (6) $x=\pm10$

(7) $x=\pm9$ (8) $x=\pm12$

練習問題 ──────── 27 ページ

1 (1) $x=\pm7$ (2) $x=\pm6$ (3) $x=\pm2$

(4) $x=\pm\sqrt{26}$ (5) $x=\pm\dfrac{1}{3}$

(6) $x=\pm\dfrac{5}{2}$ (7) $x=\pm\dfrac{2}{3}$

(8) $x=\pm\dfrac{\sqrt{11}}{2}$

2 (1) $x=\pm6$ (2) $x=\pm5$ (3) $x=\pm8$

(4) $x=\pm\sqrt{14}$ (5) $x=\pm\dfrac{7}{3}$

(6) $x=\pm\dfrac{7}{4}$ (7) $x=\pm\dfrac{11}{2}$

(8) $x=\pm\dfrac{7}{2}$ (9) $x=\pm\dfrac{5}{3}$

(10) $x=\pm\dfrac{\sqrt{17}}{3}$

2　2次方程式と平方根

確認問題 ──────── 28 ページ

1 (1) $x=4$，-6 (2) $x=7$，1

(3) $x=9$，1 (4) $x=-2$，-4

(5) $x=9$，5 (6) $x=2$，-12

(1) $x=-3\pm\sqrt{2}$ (2) $x=1\pm\sqrt{5}$

(3) $x=3\pm\sqrt{6}$ (4) $x=-5\pm\sqrt{3}$

(5) $x=2\pm2\sqrt{2}$ (6) $x=-2\pm2\sqrt{5}$

練習問題 ──────── 29 ページ

1 (1) $x=1$，-3 (2) $x=1\pm2\sqrt{3}$

(3) $x=14$，2 (4) $x=4\pm3\sqrt{2}$

(5) $x=10$，0 (6) $x=13$，-9

(7) $x=-6\pm2\sqrt{6}$ (8) $x=3\pm3\sqrt{3}$

(9) $x=8$，-18 (10) $x=5\pm3\sqrt{5}$

(11) $x=2\pm4\sqrt{2}$ (12) $x=-3\pm5\sqrt{2}$

2 (1) $x=1$，-4 (2) $x=\dfrac{4}{3}$，0

(3) $x=2\pm\sqrt{7}$ (4) $x=\dfrac{-1\pm2\sqrt{6}}{3}$

練習問題の解説

2 (1) $(2x+3)^2=25$

$2x+3=\pm5$

$2x=-3\pm5$

$2x=-3+5=2$ のとき，$x=1$

$2x=-3-5=-8$ のとき，$x=-4$

よって，$x=1$，-4

(3) $(2x-4)^2=28$

$2x-4=\pm2\sqrt{7}$

$2x=4\pm2\sqrt{7}$

よって，$x=2\pm\sqrt{7}$

(4) $(3x+1)^2=24$

$3x+1=\pm2\sqrt{6}$

$3x=-1\pm2\sqrt{6}$

よって，$x=\dfrac{-1\pm2\sqrt{6}}{3}$

3　2次方程式の解の公式

確認問題 ──────── 30 ページ

1 (1) $x=\dfrac{-5\pm\sqrt{13}}{6}$ (2) $x=\dfrac{-3\pm\sqrt{33}}{4}$

(3) $x=\dfrac{3\pm\sqrt{21}}{6}$ (4) $x=\dfrac{5\pm\sqrt{73}}{12}$

(5) $x=\dfrac{-5\pm\sqrt{17}}{4}$ (6) $x=\dfrac{-7\pm\sqrt{17}}{8}$

(7) $x=\dfrac{3\pm\sqrt{69}}{10}$ (8) $x=\dfrac{-1\pm\sqrt{33}}{8}$

(9) $x=\dfrac{5\pm\sqrt{41}}{4}$ (10) $x=\dfrac{11\pm\sqrt{73}}{4}$

1 (1) $x=\dfrac{3\pm\sqrt{17}}{4}$ (2) $x=\dfrac{3\pm\sqrt{37}}{14}$

(3) $x=\dfrac{-9\pm\sqrt{17}}{4}$ (4) $x=\dfrac{-7\pm\sqrt{13}}{6}$

(5) $x=\dfrac{5\pm\sqrt{29}}{2}$ (6) $x=\dfrac{1\pm\sqrt{5}}{2}$

(7) $x=\dfrac{-3\pm\sqrt{37}}{2}$ (8) $x=\dfrac{1\pm\sqrt{29}}{2}$

2 (1) $x=\dfrac{-2\pm\sqrt{10}}{3}$ (2) $x=1\pm\sqrt{2}$

(3) $x=\dfrac{3\pm\sqrt{3}}{2}$ (4) $x=7,\ -5$

(5) $x=\dfrac{1}{2},\ \dfrac{3}{2}$ (6) $x=3\pm\sqrt{6}$

4 2次方程式と因数分解

1 (1) $x=3$ (2) $x=-1$

(3) $x=5$ (4) $x=-4$

(5) $x=-9$ (6) $x=12$

2 (1) $x=2,\ 3$ (2) $x=-1,\ -4$

(3) $x=1,\ 5$ (4) $x=-3,\ -5$

(5) $x=4,\ -2$ (6) $x=3,\ -7$

1 (1) $x=7$ (2) $x=-6$

(3) $x=11$ (4) $x=20$

(5) $x=5,\ 7$ (6) $x=-3,\ -9$

(7) $x=4,\ -1$ (8) $x=1,\ -21$

(9) $x=2,\ 13$ (10) $x=9,\ -6$

(11) $x=-8$ (12) $x=2,\ 8$

(13) $x=-1,\ -5$ (14) $x=-15$

(15) $x=8,\ 10$ (16) $x=8,\ 9$

2 (1) $x=0,\ 2$ (2) $x=0,\ -3$

(3) $x=0,\ -5$ (4) $x=0,\ 6$

(5) $x=0,\ -\dfrac{1}{2}$ (6) $x=0,\ \dfrac{1}{3}$

5 やや複雑な2次方程式の問題

1 (1) $x=4,\ -2$ (2) $x=-1,\ -2$

(3) $x=-2,\ -4$ (4) $x=10,\ -1$

(5) $x=8,\ -2$ (6) $x=2,\ 14$

2 (1) $a=5,\ b=6$

(2) $a=2,\ b=-24$

1 (1) $x=6,\ -3$ (2) $x=-2,\ -4$

(3) $x=9,\ -1$ (4) $x=5,\ -1$

(5) $x=5,\ -4$ (6) $x=1,\ 7$

(7) $x=\dfrac{-5\pm\sqrt{37}}{2}$ (8) $x=\dfrac{5\pm\sqrt{17}}{2}$

(9) $x=2,\ -3$ (10) $x=1,\ -1$

2 (1) $a=-3,\ b=-18$

(2) $a=-7$, 他の解 $x=9$

練習問題の解説

2 (2) $x^2+ax-18=0$ の1つの解が $x=-2$ なので，代入して，$(-2)^2+a\times(-2)-18=0$

$4-2a-18=0$ $-2a=14$ $a=-7$

これをもとの式に代入して，

$x^2-7x-18=0$

これを解くと，

$(x+2)(x-9)=0$ $x=-2,\ 9$

よって，もう一方の解は，$x=9$

6 2次方程式の利用

1 7，12

2 8cm

3 11cm

1 7，8

2 4cm

3 縦11cm，横16cm

4 9

5 (1) $(24-2t)$cm   (2) 3秒後，9秒後

練習問題の解説

2 縦，横のどちらも $x$cm 長くしたとすると，長方形の面積について，

$(8+x)(5+x)=108$

これを解くと，

$40+13x+x^2=108$　$x^2+13x-68=0$

$(x-4)(x+17)=0$　$x=4$，-17

$x>0$ より，$x=4$ なので，4cm ずつ長くしたことがわかる。

3 長方形の厚紙の縦の長さを $x$cm とすると，横の長さは，$(x+5)$cm と表される。

作った容器について，底面となる長方形の縦の長さは，$x-4\times2=x-8$(cm)，横の長さは，$x+5-4\times2=x-3$(cm) と表されるので，容積について，

$4(x-8)(x-3)=96$

これを解くと，

$(x-8)(x-3)=24$　$x^2-11x+24=24$

$x^2-11x=0$　$x(x-11)=0$　$x=0$，11

$x>8$ より，$x=11$ なので，長方形の厚紙の縦の長さは 11cm，横の長さは，$11+5=16$(cm) となる。

4 カレンダーの中のある数を x とすると，すぐ上の数は $x-7$，すぐ下の数は $x+7$ と表される。

よって，その積について，

$(x-7)(x+7)=10x-58$

これを解くと，

$x^2-49=10x-58$　$x^2-10x+9=0$

$(x-1)(x-9)=0$　$x=1$，9

$x>7$ より，$x=9$

5 (1) P，Q が同時に出発してから t 秒後の QC の長さは，$2t$cm で，BQ=BC−QC より，

BQ$=(24-2t)$cm

(2) P，Q が同時に出発してから t 秒後の PB の長さは $t$cm なので，△PBQ の面積について，

$\dfrac{1}{2}t(24-2t)=27$

これを解くと，

$12t-t^2=27$　$t^2-12t+27=0$

$(t-3)(t-9)=0$　$t=3$，9

$0≦t≦12$ より，3 秒後と 9 秒後となる。

第4章　関数 $y=ax^2$

1 関数 $y=ax^2$ の式を求める

確認問題 ──────── 38 ページ

1 (1) $y=\dfrac{1}{2}x^2$　　(2) $y=3x^2$

　　(3) $y=\pi x^2$　　(4) $y=6x^2$

2 (1) 3　　　　　　(2) −4

　　(3) −3　　　　　(4) 5

練習問題 ──────── 39 ページ

1 ア，$y=x^2$　　　　ウ，$y=3x^2$

2 (1) −6　(2) $\dfrac{1}{3}$　(3) $-\dfrac{1}{2}$

　　(4) 5　(5) $-\dfrac{1}{3}$　(6) $\dfrac{1}{4}$

3 (1) $y=3x^2$，$y=27$

　　(2) $y=-\dfrac{1}{4}x^2$，$y=-1$

　　(3) $a=-\dfrac{2}{3}$，$y=-54$

練習問題の解説

3 (3) $y=ax^2$ に，$x=-3$，$y=-6$ を代入して，

$-6=a\times(-3)^2$，$-6=9a$，$a=-\dfrac{2}{3}$

$y=-\dfrac{2}{3}x^2$ に $x=9$ を代入して，

$y=-\dfrac{2}{3}\times9^2=-54$

2 関数 $y=ax^2$ のグラフ

確認問題 ──────── 40 ページ

1 y 軸，放物線，原点，$a>0$，$a<0$，絶対値，x 軸

2 (1)

x	…	−3	−2	−1	0	1	2	3	…
y		9	4	1	0	1	4	9	

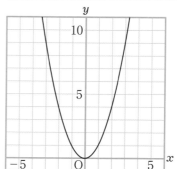

(2)

x	$\cdots$	-3	-2	-1	0	1	2	3	$\cdots$
y		-9	-4	-1	0	-1	-4	-9	

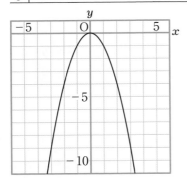

練習問題 ——————— 41 ページ

1 (1)

x	$\cdots$	-2	-1	0	1	2	$\cdots$
y		8	2	0	2	8	

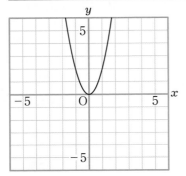

(2)

x	$\cdots$	-4	-2	-1	0	1	2	4	$\cdots$
y		-4	-1	$-\dfrac{1}{4}$	0	$-\dfrac{1}{4}$	-1	-4	

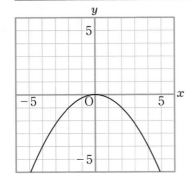

2 (1)

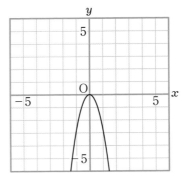

(2)

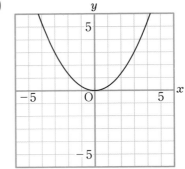

(3)

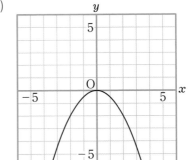

(4)

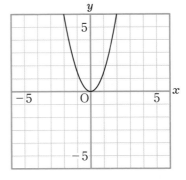

３ 関数 $y=ax^2$ の変域

確認問題 ——————— 42 ページ

1 (1) $2 \leqq y \leqq 18$　(2) $-25 \leqq y \leqq -9$
2 (1) $3 \leqq y \leqq 27$　(2) $2 \leqq y \leqq 8$
3 (1) $0 \leqq y \leqq 9$　(2) $-32 \leqq y \leqq 0$

練習問題 ——————— 43 ページ

1 (1) $1 \leqq y \leqq 9$　(2) $-12 \leqq y \leqq 0$
2 (1) $-16 \leqq y \leqq -1$　(2) $0 \leqq y \leqq 64$
　(3) $0 \leqq y \leqq 5$　(4) $-48 \leqq y \leqq -3$
　(5) $-4 \leqq y \leqq 0$　(6) $6 \leqq y \leqq 24$
　(7) $0 \leqq y \leqq 54$　(8) $-16 \leqq y \leqq 0$

４ 関数 $y=ax^2$ の変化の割合

確認問題 ——————— 44 ページ

1 (1) 5　(2) 9　(3) -9
2 (1) -3　(2) 4

練習問題 ——————— 45 ページ

1 (1)① 18　② -18
　(2)① -3　② 1
2 (1) -7　(2) $-\dfrac{5}{2}$
3 (1) 3　(2) $-\dfrac{3}{2}$　(3) -36

練習問題の解説

3 (1) 関数 $y=3x-2$ は１次関数の式である。

　　１次関数 $y=ax+b$ では，変化の割合は常に a に等しいので，3 である。

　(2) 関数 $y=\dfrac{18}{x}$ は反比例の式である。

　　$x=2$ のとき，$y=\dfrac{18}{2}=9$

　　$x=6$ のとき，$y=\dfrac{18}{6}=3$

　　よって，変化の割合は，$\dfrac{3-9}{6-2}=-\dfrac{3}{2}$

５ 放物線と直線

確認問題 ——————— 46 ページ

1 (1) $a=1$　(2) $y=x+6$
2 (1) $y=2x+4$　(2) 6

練習問題 ——————— 47 ページ

1 (1) $a=\dfrac{1}{3}$，$b=12$　(2) $y=x+6$
2 (1) $a=1$　(2) 24
3 (1) $y=-2x+4$　(2) 6
4 (1) $a=\dfrac{1}{2}$　(2) 24　(3) $y=-5x$

練習問題の解説

4 (1) 点 A は直線 $y=-2x+6$ 上の点であり，その x 座標が -6 なので，y 座標は，

　　$y=-2 \times (-6)+6=18$

　　よって，A$(-6,\ 18)$

　　点 A は，関数 $y=ax^2$ のグラフ上の点でもあるので，$x=-6$，$y=18$ を代入して，

　　$18=a \times (-6)^2$，$a=\dfrac{1}{2}$

　(2) 直線 $y=-2x+6$ と y 軸との交点を C とする。△AOB＝△AOC＋△BOC なので，その面積は，$\dfrac{1}{2} \times 6 \times 6 + \dfrac{1}{2} \times 6 \times 2 = 24$

　(3) 三角形の１つの頂点を通り，面積を２等分する直線は，その頂点と向かい合う辺の中点を通る。

　　点 B は直線 $y=-2x+6$ 上の点であり，その x 座標が２なので，y 座標は，

　　$y=-2 \times 2+6=2$

　　よって，B$(2,\ 2)$

　　辺 AB の中点は，

　　$\left(\dfrac{-6+2}{2},\ \dfrac{18+2}{2} \right)=(-2,\ 10)$

　　なので，求める直線の式を $y=bx$ とおくと，

　　$10=b \times (-2)$，$b=-5$

　　よって，求める直線の式は，$y=-5x$

6 いろいろな関数

確認問題 ──────── 48 ページ

1 (1)

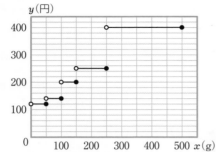

(2) 600 円

2 エ

練習問題 ──────── 49 ページ

1 (1) 810 円   (2) 20kg
2 (1) 4 秒後   (2) 16 秒後
  (3) ウ
3 (1) ア 32   イ 64
  (2) 11

練習問題の解説

3 (2) 7 回目以降の y の値（細胞の個数）を考え
るると，

7 回目は，$64 \times 2 = 128$（個）
8 回目は，$128 \times 2 = 256$（個）
9 回目は，$256 \times 2 = 512$（個）
10 回目は，$512 \times 2 = 1024$（個）
11 回目は，$1024 \times 2 = 2048$（個）

よって，y の値がはじめて 2000 をこえると
きの x の値（分裂の回数）は，$x = 11$ である。

---

1 相似な図形

確認問題 ──────── 50 ページ

1 四角形 ABCD∽四角形 QRST
  四角形 EFGH∽四角形 MNOP
  四角形 IJKL∽四角形 UVWX
2 (1) 75°   (2) 1 : 2   (3) 10cm

練習問題 ──────── 51 ページ

1 △ABC∽△NMO
  △DEF∽△VXW
  △GHI∽△PRQ
2 (1) 80°   (2) 1 : 3   (3) 12cm
3 (1) 120°   (2) 3 : 4   (3) $\dfrac{27}{4}$ cm

練習問題の解説

3 (1) 四角形 ABCD で，頂点 E に対応する頂点
は A である。

また，四角形 EFGH で，頂点 D に対応する
頂点は H なので，∠D＝∠H＝100°
よって，
∠A＝360°－(∠B＋∠C＋∠D)
＝360°－(75°＋65°＋100°)
＝120°
したがって，∠E＝∠A＝120°

(2) BC と FG が対応する辺なので，相似比は，
BC : FG＝9 : 12＝3 : 4

(3) CD に対応する辺は GH で，GH＝9cm，
相似比は 3 : 4 なので，CD : 9＝3 : 4，
4CD＝27，CD＝$\dfrac{27}{4}$（cm）である。

2 三角形の相似条件

確認問題 ──────── 52 ページ

1 △ABC∽△HIG 2 組の辺の比とその間
の角がそれぞれ等しい。
△DEF∽△NOM 2 組の角がそれぞれ
等しい。
△JKL∽△RQP 3 組の辺の比がすべて
等しい。

2 (1) △ABC∽△EDC
2組の角がそれぞれ等しい。

(2) △AEB∽△DEC
2組の辺の比とその間の角がそれぞれ等しい。

(3) △ABC∽△ADE
2組の角がそれぞれ等しい。

1 △ABC∽△RPQ　2組の辺の比とその間の角がそれぞれ等しい。
△GHI∽△VWX　3組の辺の比がすべて等しい。
△JKL∽△NOM　2組の角がそれぞれ等しい。（△JKL∽△NMO でもよい。）

2 (1) △ABE∽△DCE
2組の辺の比とその間の角がそれぞれ等しい。

(2) △ABC∽△ACD
2組の角がそれぞれ等しい。

(3) △ABC∽△EDC
2組の角がそれぞれ等しい。

3 (1) △AED　2組の角がそれぞれ等しい。

(2) $\dfrac{12}{5}$ cm　　　(3) $\dfrac{24}{5}$ cm

練習問題の解説

3 (2) △ABC∽△AED で，相似比は，

AB : AE＝10 : 4＝5 : 2

よって，AC : AD＝5 : 2　(4＋2) : AD＝5 : 2

6 : AD＝5 : 2　5AD＝12　AD＝$\dfrac{12}{5}$ (cm)

(3) BC : ED＝5 : 2　12 : ED＝5 : 2

5ED＝24　ED＝$\dfrac{24}{5}$ (cm)

3　相似な三角形の証明

1 DCE，ABE，DCE，AEB，DEC，2組の角，DCE

2 AD，AC，2，1，A，2組の辺の比とその間の角

1 DA，BC，CD，4，3，3組の辺の比

2 （証明）　△ABC と△DBE において，
仮定より，∠ACB＝∠DEB…①
∠B は共通…②
①，②より，2組の角がそれぞれ等しいので，
△ABC∽△DBE

3 （証明）　△ABE と△FCE において，
対頂角は等しいので，
∠AEB＝∠FEC…①
AB∥DF より，錯角は等しいので，
∠ABE＝∠FCE…②
①，②より，2組の角がそれぞれ等しいので，
△ABE∽△FCE

4　平行線と線分の比

1 $x＝3$，$y＝15$

2 $x＝5$，$y＝18$

3 $x＝21$

1 (1) $x＝\dfrac{20}{3}$，$y＝\dfrac{40}{3}$

(2) $x＝4$，$y＝15$

(3) $x＝\dfrac{15}{4}$

2 (1) 線分 DE

(2) CE : CA＝CD : CB＝4 : 7 だから。

3 (1) $x＝\dfrac{7}{5}$，$y＝6$

(2) $x＝\dfrac{21}{2}$，$y＝\dfrac{25}{2}$

練習問題の解説

3 (1) 線分 AF と BE の交点を G とする。

AB∥EF より，BG : EG＝AG : FG

BG : 3＝9 : 5　5BG＝27　BG＝$\dfrac{27}{5}$ (cm)

BG＝BD＋DG＝$x＋4$ より，

$x＋4＝\dfrac{27}{5}$　$x＝\dfrac{7}{5}$

11

CD∥EF より，CD：FE＝DG：EG

8：y＝4：3　4y＝24　y＝6

(2) ℓ∥m∥n より，x：7＝(15−6)：6

x：7＝9：6　6x＝63　x＝$\frac{21}{2}$

また，$\frac{15}{2}$：y＝$\frac{21}{2}$：$\left(\frac{21}{2}+7\right)$

$\frac{15}{2}$：y＝$\frac{21}{2}$：$\frac{35}{2}$　$\frac{15}{2}$：y＝3：5

3y＝$\frac{75}{2}$　y＝$\frac{25}{2}$

5　中点連結定理

確認問題 ──────── 58 ページ

□1 (1) MN＝9cm，∠ABC＝48°

(2) 8cm

□2 (1) 10cm　　　(2) 14cm

練習問題 ──────── 59 ページ

□1 (1) MN＝$\frac{15}{2}$cm，∠MNC＝45°

(2) $\frac{25}{6}$cm

□2 $\frac{23}{2}$cm

□3 (1) 7cm　　　(2) 21cm

□4 ① 中点連結定理　　② EH

③ $\frac{1}{2}$　　　　　　④ CBD

⑤ FG

⑥ 1組の対辺が，長さが等しくて平行

練習問題の解説

□2 頂点 A と C を結び，線分 AC と MN との交点を P とする。

△ABC で，中点連結定理より，MP＝$\frac{1}{2}$BC

＝$\frac{1}{2}$×16＝8(cm)

△CDA で，中点連結定理より，PN＝$\frac{1}{2}$AD

＝$\frac{1}{2}$×7＝$\frac{7}{2}$(cm)

よって，MN＝MP＋PN＝8＋$\frac{7}{2}$＝$\frac{23}{2}$(cm)

□3 (1) 点 D は辺 AB の中点，点 F は辺 AC の中点なので，中点連結定理より，

DF＝$\frac{1}{2}$BC＝$\frac{1}{2}$×14＝7(cm)

(2) (1)と同様に，DE＝$\frac{1}{2}$AC＝$\frac{1}{2}$×15

＝$\frac{15}{2}$(cm)

EF＝$\frac{1}{2}$BA＝$\frac{1}{2}$×13＝$\frac{13}{2}$(cm)

よって，DE＋EF＋DF＝$\frac{15}{2}$＋$\frac{13}{2}$＋7

＝21(cm)

6　相似な図形の面積の比，体積の比

確認問題 ──────── 60 ページ

□1 (1) 1：2　　　(2) 1：4

□2 (1) 1：3　　　(2) 1：9

(3) 1：9　　　(4) 1：27

□3 (1) 32cm²　　(2) 24cm³

練習問題 ──────── 61 ページ

□1 (1) 3：2　　　(2) 9：4

□2 (1) 4：3　　　(2) 16：9

(3) 16：9　　　(4) 64：27

□3 (1) 96cm²　　(2) 384πcm³

□4 (1) 2：3　　　(2) 4：9

(3) 190πcm³

練習問題の解説

□4 (1) 切り取った円錐ともとの円錐の相似比は，高さの比が，(12−4)：12＝8：12＝2：3なので，2：3である。

(2) この立体の上の底面は，切り取った円錐の底面で，下の底面は，もとの円錐の底面である。よって，相似な立体の対応する面の面積の比と等しいので，2²：3²＝4：9

(3) 切り取った円錐ともとの円錐の体積の比は，2³：3³＝8：27 なので，この立体ともとの円錐の体積の比は，(27−8)：27＝19：27

この立体の体積を V とすると，

V：270π＝19：27，V＝190π(cm³)

1 円周角の定理

確認問題 ──────── 62 ページ

1 (1) 58°　(2) 75°　(3) 36°

2 (1) 32°　(2) 136°　(3) 90°

3 (1) 50°　(2) 54°　(3) 250°

練習問題 ──────── 63 ページ

1 (1) 40°　(2) 15°　(3) 32°

(4) 103°　(5) 116°　(6) 100°

(7) 63°　(8) 19°　(9) 124°

2 (1) $\angle x=96°$, $\angle y=48°$

(2) $\angle x=28°$, $\angle y=45°$

(3) $\angle x=33°$, $\angle y=63°$

(4) $\angle x=32°$, $\angle y=60°$

(5) $\angle x=36°$, $\angle y=54°$

(6) $\angle x=101°$, $\angle y=76°$

練習問題の解説

2 (5) △OAP は，OA＝OP の二等辺三角形なので，$\angle$OAP＝$\angle$OPA

よって，$\angle x=\dfrac{1}{2}\times(180°-108°)=36°$

また，$\angle y=\dfrac{1}{2}\angle$AOP$=\dfrac{1}{2}\times108°=54°$

2 円周角と弧の長さ

確認問題 ──────── 64 ページ

1 $\angle x=36°$, $\angle y=72°$

2 $\angle x=32°$, $\angle y=64°$

3 $\angle x=30°$, $\angle y=90°$, $\angle z=60°$

練習問題 ──────── 65 ページ

1 (1) 108°　(2) 67.5°　(3) 28°

(4) 39°　(5) 100°　(6) 62°

(7) 105°　(8) 78°　(9) 24

2 BC，BAC，DCE，2 組の角

練習問題の解説

1 (8) 等しい長さの弧に対する円周角なので，

$\angle$ACB＝$\angle$ACD＝34°

円周角の大きさは，弧の長さに比例するので，

$\angle$ABC＝2$\angle$ACD＝2×34°＝68°

△ABC において，

$\angle x=180°-\angle$ACB$-\angle$ABC

　　＝180°−34°−68°＝78°

(9) 円周角の大きさは，弧の長さに比例するので，$\angle$ABC＝2$\angle$DAC＝2×33°＝66°

半円の弧に対する円周角なので，

$\angle$BAC＝90°

△ABC において，

$\angle x=180°-\angle$ABC$-\angle$BAC

　　＝180°−66°−90°＝24°

3 円と接線

確認問題 ──────── 66 ページ

1 (1) 50°　　　　(2) 45°

(3) 38°　　　　(4) 35°

2 (1) PB＝12cm，$\angle x=24°$

(2) PA＝9cm，$\angle x=30°$

練習問題 ──────── 67 ページ

1 (1) 30°　(2) 36°　(3) 130°

(4) 40°　(5) 22°　(6) 55°

2 (1) 9cm　　　　(2) 11cm

(3) 18cm　　　　(4) 24cm

3

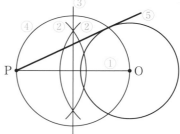

練習問題の解説

2 (3) PB＝PA＝9cm である。

DA＝DC より，PD＋DC＝PD＋DA＝9cm

EB＝EC より，PE＋EC＝PE＋EB＝9cm

△DPE の周の長さは，

PD＋PE＋DE＝PD＋PE＋DC＋EC

＝PD＋DC＋PE＋EC とみることができるので，9＋9＝18(cm)となる。

(4) 右の図で，四角形
OQCRは正方形なので，
$QC=CR=2cm$
また，$AP=AR$，
$BP=BQ$
$AB=AP+BP=10cm$ なので，
$AR+BQ=10cm$ である。△ABCの周の長さは，
$AB+BC+AC=AB+BQ+QC+AR+RC$
$=AB+AR+BQ+QC+RC=10+10+2+2$
$=24(cm)$である。

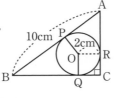

$30^2+x^2=34^2$　$x^2=1156-900=256$
$x=\pm16$
$x>0$ より，$x=16$

(3) ひし形の1辺の長さを$x$cmとする。
ひし形の対角線はそれぞれの中点で垂直に交わるので，対角線を2本ひくと，直角をはさむ2辺の長さが，$8\div2=4(cm)$，$4\div2=2(cm)$で，斜辺の長さが$x$cmである直角三角形ができる。よって，三平方の定理より，
$x^2=4^2+2^2=20$　$x=\pm2\sqrt{5}$
$x>0$ より，$x=2\sqrt{5}$

第7章 三平方の定理

1 三平方の定理

確認問題 ──────── 68 ページ

1 (1) $x=5$　(2) $x=13$　(3) $x=\sqrt{5}$
　(4) $x=\sqrt{13}$　　(5) $x=\sqrt{41}$
　(6) $x=\sqrt{10}$

2 (1) $x=8$　(2) $x=7$　(3) $x=2\sqrt{3}$
　(4) $x=\sqrt{5}$　　(5) $x=\sqrt{7}$
　(6) $x=2\sqrt{14}$

練習問題 ──────── 69 ページ

1 (1) $x=12$　　　(2) $x=\sqrt{61}$
　(3) $x=5$　　　(4) $x=2\sqrt{6}$
　(5) $x=15$　　　(6) $x=3\sqrt{13}$
　(7) $x=2\sqrt{2}$　　(8) $x=8$
　(9) $x=6\sqrt{10}$　　(10) $x=\sqrt{5}$
　(11) $x=6\sqrt{2}$　　(12) $x=13$

2 (1) $6\sqrt{5}$ cm　(2) 16cm　(3) $2\sqrt{5}$ cm

練習問題の解説

2 (1) 対角線をひくと，直角をはさむ2辺の長さが6cm，12cmで，長方形の対角線が斜辺となる直角三角形ができるので，対角線の長さを$x$cmとすると，三平方の定理より，
$x^2=6^2+12^2=36+144=180$　$x=\pm6\sqrt{5}$
$x>0$ より，$x=6\sqrt{5}$

(2) 横の長さを$x$cmとする。
対角線をひくと，直角をはさむ2辺の長さが30cm，$x$cmで，斜辺の長さが34cmとなる直角三角形ができるので，三平方の定理より，

2 三平方の定理の逆

確認問題 ──────── 70 ページ

1 (1) ア　　(2) ウ　　(3) ウ
　(4) イ　　(5) エ

2 (1) $c=\sqrt{17}$　　(2) $c=\sqrt{130}$

練習問題 ──────── 71 ページ

1 (1) イ　　(2) エ　　(3) イ
　(4) ア　　(5) イ　　(6) ウ

2 (1) $c=75cm$　　(2) $b=32cm$

3 三平方の定理と平面図形

確認問題 ──────── 72 ページ

1 (1) $x=2\sqrt{2}$　　(2) $x=\sqrt{3}$
　(3) $x=\sqrt{3}$　　(4) $x=45$
　(5) $x=60$　　　(6) $x=30$

2 (1) $4\sqrt{3}$ cm^2　　(2) 2cm

3 (1) 5　　　(2) $2\sqrt{5}$

練習問題 ──────── 73 ページ

1 (1) $x=2\sqrt{3}$，$y=4\sqrt{3}$
　(2) $x=2$，$y=1$
　(3) $x=4\sqrt{2}$，$y=\dfrac{4\sqrt{6}}{3}$
　(4) $x=45$，$y=30$

2 (1) $4\sqrt{2}$　　(2) 10

3 (1) $4\sqrt{5}$ cm　　(2) $2\sqrt{15}$ cm

4 (1) $6\sqrt{3}$ cm^2　　(2) $2\sqrt{7}$ cm

練習問題の解説

3 (1) 右の図で，△OAP は，
∠OPA＝90° の直角三
角形なので，三平方の定
理より，

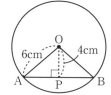

$AO^2＝OP^2＋AP^2$

よって，$6^2＝4^2＋AP^2$

$AP^2＝36－16＝20$　$AP＝±2\sqrt{5}$

AP＞0 より，$AP＝2\sqrt{5}$ cm

△OAB は，OA＝OB の二等辺三角形なので，
AP＝BP

よって，$AB＝2AP＝2×2\sqrt{5}＝4\sqrt{5}$ (cm)

(2) 円の中心を O，円の中心から 8cm 離れた
点を P，P を通る円 O の接線と円 O との接
点を Q とする。△OPQ は，∠OQP＝90° で，
OQ＝2cm，OP＝8cm の直角三角形なので，
三平方の定理より，$OP^2＝OQ^2＋PQ^2$

よって，$8^2＝2^2＋PQ^2$

$PQ^2＝64－4＝60$　$PQ＝±2\sqrt{15}$

PQ＞0 より，$PQ＝2\sqrt{15}$ cm

4 (1) 右の図で，
△ABH は，
∠AHB＝90°，
∠ABH＝60°
の直角三角形
なので，

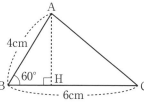

$AB：AH＝2：\sqrt{3}$ である。

よって，$4：AH＝2：\sqrt{3}$　$2AH＝4\sqrt{3}$

$AH＝2\sqrt{3}$ cm である。

したがって，△ABC の面積は，

$\frac{1}{2}×6×2\sqrt{3}＝6\sqrt{3}$ (cm²)

(2) AB：BH＝2：1 より，BH＝2cm

CH＝BC－BH＝6－2＝4(cm)

△AHC において，三平方の定理より，

$AC^2＝AH^2＋CH^2$　$AC^2＝(2\sqrt{3})^2＋4^2＝28$

$AC＝±2\sqrt{7}$

AC＞0 より，$AC＝2\sqrt{7}$ cm

4　三平方の定理と空間図形

 確認問題 ──────── 74 ページ

1 (1) 7cm　(2) $2\sqrt{3}$ cm (3) $9\sqrt{2}$ cm

2 (1) $\sqrt{7}$ cm　(2) 16cm　(3) $4\sqrt{3}$ cm

3 (1) 12cm　　　　(2) 324π cm³

 練習問題 ──────── 75 ページ

1 (1) 17cm　(2) $2\sqrt{6}$ cm (3) $4\sqrt{6}$ cm

2 (1) $12\sqrt{7}$ cm²　　(2) 300cm²

　(3) $\dfrac{256\sqrt{5}}{3}\pi$ cm³　(4) $\dfrac{32\sqrt{2}}{3}$ cm³

3 (1) $6\sqrt{5}$ cm　　(2) $6\sqrt{3}$ cm

練習問題の解説

3 (1) 問題の直方体
の展開図のうち，
面 AEFB，
BFGC について

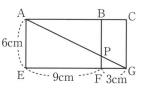

かき出すと，右の図のようになる。

△AEG は∠E＝90° の直角三角形なので，三
平方の定理より，$AG^2＝AE^2＋EG^2$

$AG^2＝6^2＋(9＋3)^2＝36＋144＝180$

$AG＝±6\sqrt{5}$

AG＞0 より，$AG＝6\sqrt{5}$ cm

(2) 問題の円
錐の側面の
展開図は，
右の図のよ
うになる。

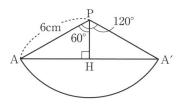

△PAH は，∠PHA＝90°，∠APH＝60° の直
角三角形なので，

$AH：PA＝\sqrt{3}：2$ である。よって，

$AH：6＝\sqrt{3}：2$　$2AH＝6\sqrt{3}$

$AH＝3\sqrt{3}$ cm

最短の経路の長さは AA′＝2AH だから，求
める長さは，$2×3\sqrt{3}＝6\sqrt{3}$ (cm)

5　三平方の定理の利用

 確認問題 ──────── 76 ページ

1 $5\sqrt{2}$

2 $\dfrac{15}{4}$ cm

3 $2\sqrt{3}$ cm

1 (1) $2\sqrt{10}$

(2) 直角二等辺三角形

2 $\dfrac{12}{5}$ cm

3 $9\sqrt{3}$ cm²

4 (1) $h^2=289-x^2$

$h^2=-x^2+42x-341$

(2) $x=15$

(3) 84cm²

練習問題の解説

2 △ABC∽△ADB より，AC：AB＝AB：AD

5：3＝3：AD　5AD＝9　AD＝$\dfrac{9}{5}$（cm）

△ADB において，三平方の定理より，

AB²＝BD²＋AD²　3²＝BD²＋$\left(\dfrac{9}{5}\right)^2$

BD²＝$9-\dfrac{81}{25}=\dfrac{144}{25}$

BD＞0より，BD＝$\dfrac{12}{5}$ cm

3 $\overset{\frown}{BC}$ に対する中心角なので，

∠BOC＝2∠BAC＝2×30°＝60°

△OBC は，OB＝OC で，∠BOC＝60°なので，

正三角形である。よって，高さは，

$6\times\dfrac{\sqrt{3}}{2}=3\sqrt{3}$（cm）で，面積は，

$\dfrac{1}{2}\times6\times3\sqrt{3}=9\sqrt{3}$（cm²）

4 (1) △ABH において，三平方の定理より，

AB²＝AH²＋BH²　17²＝h^2+x^2

$h^2=289-x^2$

CH＝BC－BH＝$21-x$（cm）である。

△ACH において，三平方の定理より，

AC²＝AH²＋CH²　10²＝$h^2+(21-x)^2$

$100=h^2+441-42x+x^2$

$h^2=-x^2+42x-341$

(2) (1)より，$289-x^2=-x^2+42x-341$

$42x=630$　$x=15$

(3) $h^2=289-15^2=64$　$h=\pm8$

$h>0$ より，$h=8$

△ABC＝$\dfrac{1}{2}\times21\times8=84$（cm²）

第8章　標本調査

1 標本調査

1 (1) 標本調査　　(2) 標本調査

(3) 全数調査　　(4) 標本調査

(5) 全数調査

2 およそ 240 個

3 およそ 1000 個

1 (1) 全数調査　　(2) 全数調査

(3) 標本調査　　(4) 標本調査

(5) 標本調査

2 ウ

3 およそ 360 個

4 およそ 500 個

5 およそ 350 匹

6 およそ 1155 個

練習問題の解説

3 箱の中の白玉の個数を x 個とすると，

600：x＝40：24　$40x=14400$　$x=360$

4 不良品の全体の個数を x 個とすると，

150000：x＝600：2　$600x=300000$

$x=500$

5 この池の鯉の数を x 匹とすると，

x：25＝28：2　$2x=700$　$x=350$

6 はじめに箱の中にあった白い玉を x 個とすると，

x：45＝(80－3)：3　$3x=3465$　$x=1155$